静電気を科学する

高橋雄造 著

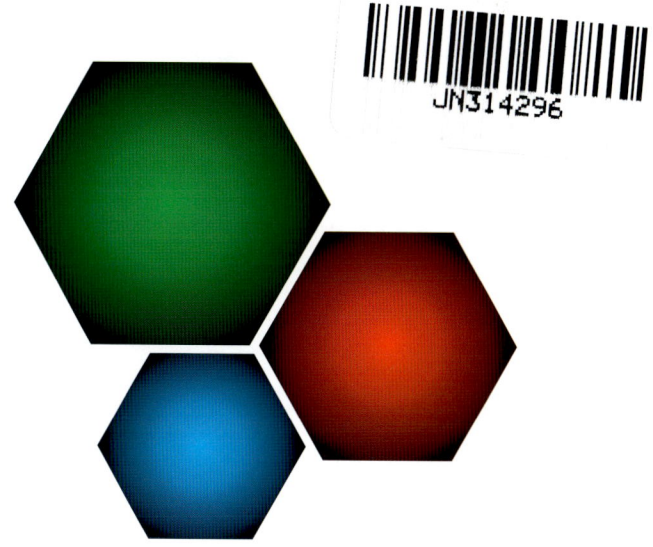

東京電機大学出版局

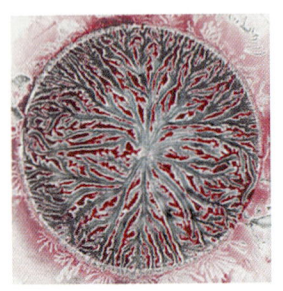

口絵1　130mmφの円いっぱいに広がった近づけ放電の粉図形（負帯電）（118頁参照）

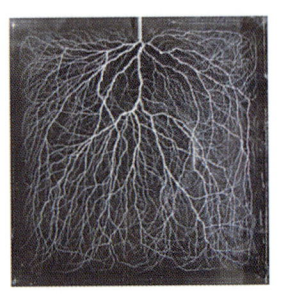

口絵2　アクリル平板に電子線を照射したあとに針を差し込んで起こる静電気放電の模様（47頁参照）

口絵3　バン・デ・グラーフ発電機にさわって高電圧になった子どもの頭髪が逆立っている様子（12頁参照）

口絵4　バン・デ・グラーフ発電機による放電（65頁参照）

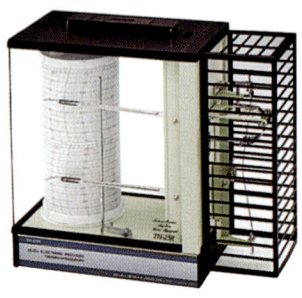

口絵5　自記温度湿度計 TH25R（94頁参照）

はじめに

　本書は，静電気についての入門書であると同時に，静電気の専門でない技術者や市民のためのガイドブックである。静電気問題は，工場やオフィスだけでなく家庭や身のまわりにいくらも生じるので，非専門家がこれに対処することになる。また，電気技術者であっても静電気の基本（その内容はじつは簡単なことであるが）がよく頭に入っていないと，静電気問題に直面したときに途方に暮れてしまうことが多い。こういった状況を改善するために書いたのが本書である。なるべく気軽に手にとって読んでいただければ幸いである。

古くて新しい静電気問題

　静電気による障害や事故は，現代の重要な問題である。静電気は古くて新しい問題であると言われる。雷は太古の昔から人類に知られていたが，その雷雲は静電気によって生じる。紀元前600年頃のギリシャのタレスは，こはくをこするとほこりを吸いつけることを観察した。

　さらに次のようなエピソードも伝えられている。11世紀には，ローマ法王グレゴリウス7世（"カノッサの屈辱"事件の法王）が手袋を脱ぐときにショックを経験したという。12世紀には，テサロニカの司教が衣裳を替えるときに火花が散ってパチパチという音がしたと伝えられる。これらは静電気による放電であったと考えられる[1]。

　このように古くから知られていた静電気の問題を解決できないのでは，研究者として自慢にならない。その反省が，本書執筆の動機のひとつである。

　現代社会では，静電気問題はいっそう重要かつ深刻になってきた。それは，電気絶縁抵抗の高いプラスチックの使用が非常に広がったからであり，エアコンの

普及で屋内の湿度が下がったからであり，そしてマイクロエレクトロニクスの拡大によってわずかな過電圧で素子や機器が壊れるようになったからである．とくに，電子素子は高速・高性能なものほど動作レベルが低いので，過電圧による障害を起こしやすい．マイクロエレクトロニクス分野のハイテク開発は，一面において静電気による障害に弱くする競争のようなものである．これらのトレンドは，決して後戻りすることはないであろう．静電気による障害は今後ますます問題となるであろうし，その研究は重要度を増すであろう．

本書は，こういった今日の状況に焦点を合わせて，静電気がどういう状況で発生し問題になるかを述べる．とくに，静電気に起因して起きる放電（静電気放電）を中心に，筆者自身の研究に基づいて，静電気および静電気放電の検出方法とその防止対策を説明する．

現実に静電気問題に対処しなければならない読者は，電気専門家でない場合が多いはずである．電気が専門でない人（市民・消費者や家庭の主婦も）にもわかるように，本書を書いたつもりである．それでも，専門技術の説明を長く書かなければならない箇所もある．専門用語を使った説明をわずらわしく感じたら，飛ばして先を読んでもらって差し支えない．重要なこと（かんどころ）は何回もくりかえし出てくるので，これを注意して読んでほしい．用語法など，専門家から見るとやや厳密さを欠くところもあると思うが，理解のしやすさを優先した．さらにくわしいことを知りたい読者は，文献[2-6]を参照してほしい．

静電気問題はもつれた糸玉

古くから解決されなかった静電気の問題は難しいと言う人もいる．確かに，静電気問題は一見したところ込み入っていて，有効な対策を見出しにくい場合が多い．しかし，静電気問題の原理や法則は簡単であって，その数もいくつかしかない．その理論に難しい式は出てこないし，たかだか比例式や分数式である．静電気問題が込み入って見えるのは，場合の数が多いからである．物体が導電性か絶縁性か，接地物から近いか遠いか，面の裏か表か，金属部分が接地してあるかどうかなどといくつものファクタがあり，すべての場合を比較して調べない

と障害や事故防止の決め手は発見できない。ファクタが2つの組み合わせならば，場合の数は2^2であるから4，ファクタ3つならば8，ファクタ4つならば16……である。ファクタが増えると，場合の数は非常に多くなり，すべてを調べるのは困難になる。

　込み入って見える静電気問題はもつれた糸玉のようなものである。文豪森鷗外は，令嬢がもつれた毛糸の玉を前に途方に暮れているのを見て，「お父さんに貸して御覧」と言って毛糸の玉を持って自室に入り，ときほぐしたという。糸玉はもつれていても，糸は位相幾何学的には同一平面上にある。強く引っ張るともつれる一方であるが，丹念に広げていけば1本の糸にほぐれるのである。静電気問題は，組み合わせのすべてを調べていけば，簡単な法則が支配しているのが見えてくるのである。

　しかし，工場の現場や生活の実際面で，多数の場合を比較して調べるのは事実上不可能である。組み合わせの場合を丹念に調べる研究は大学の守備範囲であると言える。本書の多くの部分は，大学の研究室でのモデル実験の成果をまとめたものである。

静電気研究の必要

　障害や事故の防止は，いわゆる負の経済である。防止策を講じずにすむならばその分の費用はかからないから，いちばん安上がりである。しかし障害や事故が起きると，企業の信用なども含めて，巨額の損失をこうむることになる。やはり，前もって防止策を実行する方が得である。

　しかし実際には，適切な防止策が講じられて静電気対策のノウハウが蓄積されていても，工場の生産工程に関係するので，部外秘とされることが多い。それゆえ，いつまでたっても静電気対策の知見が技術者の共通認識にならない。大きな会社の場合には，事業所や部課が違うだけで静電気の技術が伝達されない。静電気の技術を持っていた部課でも，担当者が変わると技術も記録も失われ，障害や事故が頻発する。こういう状況を少しでも改善したいという思いで，本書を書いた。

いくつものファクタの組み合わせの結果として現れる静電気問題に"糸玉をときほぐす"努力をせずに取り組んでも，成果は上がらないことが多い。除電器を多数設置したり，作業室のいすを静電気対策いす（キャスターやジョイントのプラスチックを導電性にしたいす）に全部取り替えたりしても，目立った改善が見られなかったり，場合によっては逆効果になったりする。投資効果からしても，静電気対策グッズを大量に投入することよりも，静電気対策の考え方を確立したうえで現象に対処するのが良い。つまり，大事なのは，ハードではなくソフトであり，対症療法ではなく基本の考え方なのである。

　筆者は，静電気障害・事故対策の相談を受けてきた。ある程度以上の規模のメーカーならば，静電気対策の基礎をわきまえた専門家がいるべきである。それは企業にとってペイするはずであるが，現実にはビッグビジネスであるメーカーでもこのようなことをしていない。コンパクトな解説である本書をまとめた目的のひとつは，静電気問題の専門家を養成する必要性を少しでもわかってもらうためである。

　日本には静電気問題を専門とする研究機関はほとんどないが，東京都立産業技術研究センターは長年にわたってこれを研究している。このような研究機関があと数箇所あれば望ましい，と筆者は考えている。

　本書の第3章までは，静電気，帯電，除電を扱う。基礎となる事項を説明しているが，事例の具体的な説明も織り込んだ。糸玉をときほぐすには，位相幾何の"理論"を知っていてもときほぐす術やノウハウを身につけていなければできない。静電気問題に対処するのもこれと同様であり，基礎事項を学んだだけでは不十分で，練習問題と言うべき事例研究が必要である。第2章の事例がいま自分のかかえている問題と違うと思っても，第2章のすべてに眼を通すことをおすすめする。

　第4章では，静電気の検出・測定の方法と，装置・器具について述べる。第5章以後は，代表的な静電気放電について事例研究をややくわしく述べる。

　マイクロエレクトロニクスでは，静電気による障害や事故が起きやすい。第6章ではこれを扱う。第5章と第6章の内容は，将来顕在化して問題になり得る静

電気と静電気放電問題を先取りして述べることにもなる。やや"学問的"であって読みやすくないかもしれないが，静電気問題に対処しようとする技術者はぜひ読んでほしい。必ず役に立つヒントが得られると思う。

　本書では，つとめて筆者自身の研究と経験に基づいて静電気問題を論じた。本書の記述で静電気問題のすべてを尽くしているわけではないが，本書が大から小までのメーカー，それに市民の日常生活で起きる静電気問題の解決に役立つならば幸いである。

　本書の執筆にあたっては，本田昌實氏（インパルス物理研究所），門永雅史氏（リコー）ほか多くの方々から，いろいろと御教示をいただいた。東京大学の河野照哉先生と千葉政邦氏からは，御指導と有益な討論をいただいた。ここに心からお礼申し上げる。本書執筆には相当に努力したつもりであるが，不十分な点が残っているかもしれない。諸賢の御叱正をお願いする次第である。

2007 年 4 月

　　　　　　　　　　　　　　　　　　　　　　　　　　　　高橋　雄造

新版にあたって

　小著『静電気がわかる本―原理から障害防止ノウハウまで』（工業調査会，2007年）が『静電気を科学する』として東京電機大学出版局から刊行されることになった。多くの方々に本書を読んでいただければ幸いである。この機会に，多少の修正を行った。

　マイクロエレクトロニクス化，情報化の進行する現代社会は，静電気障害の面で脆弱である。事故と安全，製造物責任といったことが問われる時代に，静電気の知識とノウハウへのニーズは高まるであろう。技術者として静電気を専門にすることは，社会，工業，市民生活に役立つ職業生活につながる。意欲のある若い諸君がこの分野に取り組むことを期待したい。

2011 年 7 月

高橋　雄造

目　次

はじめに ………………………………………………………………………… i

第 1 章　静電気とは

1.1　静電気はなぜ起きるか ……………………………………………… 2
1.2　静電気の極性 …………………………………………………………… 3
1.3　帯電とリーク …………………………………………………………… 4
1.4　絶縁物と電気抵抗 ……………………………………………………… 5
1.5　水分と湿度 ……………………………………………………………… 6
1.6　静電気による力 ………………………………………………………… 8
　　1.6.1　電界と電気力線，平等電界と不平等電界 ……………………… 8
　　1.6.2　電界の強い方へ向く力 …………………………………………… 9
　　1.6.3　帯電した物体にはたらく力 ……………………………………… 11
　　1.6.4　静電誘導 …………………………………………………………… 13
1.7　放電とは——火花放電，コロナ放電，沿面放電 …………………… 15
　　1.7.1　火花放電 …………………………………………………………… 16
　　1.7.2　コロナ放電 ………………………………………………………… 18
　　1.7.3　沿面放電 …………………………………………………………… 19

第 2 章　帯電と放電の事例——静電気はいたるところにある

2.1　日常生活における静電気 ……………………………………………… 24
　　事例1　プラスチックの下敷きをこすると帯電する ………………… 24
　　事例2　シャツやセーターを脱いだり，髪の毛に櫛をあてると，小さな音

	がする	25
事例3	同上で，服や髪の毛がまつわりつく	26
事例4	セロテープやラベルをはがすとき，はがれたテープやラベルがもとの場所にくっつく	26
事例5	プラスチックにほこりがついて困る	26
事例6	ストローを紙袋から出すと帯電する	26
事例7	ポリ袋をケースから取り出して蛍光灯のそばで振ると，蛍光ランプが一瞬光る	27
事例8	じゅうたんの上を歩いてドアのノブにさわるとショックを受ける	28
事例9	自動車から降りるときにドアにさわるとショックを受ける	29
事例10	水滴や霧の帯電	29
事例11	家庭の静電気問題を解消するには	29

2.2　電子機器の誤動作や破壊を起こす静電気 ………………………… 31

事例12	キャスターによる帯電	31
事例13	チェアとの摩擦による人体の帯電	32
事例14	オフィスチェアで起きる静電気放電によるノイズ	34
事例15	帯電した人がコンピュータにさわったり，キーボード操作をすると誤動作が起きる	36
事例16	プラスチック・カバーをはがすだけで電子機器が壊れる	37
事例17	ローラによる搬送に伴う帯電と放電	38
事例18	ベアリングの改善による誤動作防止	39
事例19	プラスチック・チューブを通る金属球の放電——パチンコ台の誤動作	39
事例20	フリーアクセス・フロアで生じる静電気放電	40
事例21	帯電した物体の近くにいる人体の電位上昇	41
事例22	帯電した人体や物体が動いただけで電子機器が誤動作する	42
事例23	前項のつづき——モデル実験	43
事例24	人工衛星における大きな静電気放電	46

2.3 製品不良を起こす静電気，製造工程で不都合となる静電気 ……………… 47
　事例25　半導体素子などの製造や取り扱いにおける静電気による破壊 …… 47
　事例26　静電気放電による製品の不良 ………………………………………… 49
　事例27　印刷インキのお化け …………………………………………………… 51
　事例28　紙を裁断するときの帯電と放電 ……………………………………… 52
　事例29　アクリル製パネルを持つ電流計の誤指示 …………………………… 52
2.4 着火・爆発の事故のもととなる静電気 ……………………………………… 52
　事例30　静電気放電による可燃性ガス，液体，粉体の着火・爆発 ………… 52
　事例31　絶縁性液体を取り扱うときの帯電 …………………………………… 53
　事例32　ガソリンスタンドで人体を除電する ………………………………… 55
　事例33　電力用変圧器の流動帯電による破壊 ………………………………… 55
　事例34　消火器が原因となる再着火 …………………………………………… 56
2.5 静電気の利用 …………………………………………………………………… 57
　事例35　複写機に利用されている静電気 ……………………………………… 57
　事例36　電気集塵機，空気清浄機 ……………………………………………… 60
　事例37　静電植毛 ………………………………………………………………… 60
　事例38　静電塗装 ………………………………………………………………… 63
　事例39　静電選別 ………………………………………………………………… 63
　事例40　バン・デ・グラーフ発電機 …………………………………………… 65

第3章　除電の方法

3.1　コロナ放電 ……………………………………………………………………… 68
3.2　能動除電 ………………………………………………………………………… 72
3.3　帯電物体の帯電電荷と帯電電位 ……………………………………………… 75
3.4　受動除電と除電バー …………………………………………………………… 77
　3.4.1　除電バーが有効であるための条件 …………………………………… 78
　3.4.2　除電バーの問題点 ……………………………………………………… 80
3.5　絶縁シートの両面帯電と除電 ………………………………………………… 82

3.6　湿度の効果 ……………………………………………………………… 83
3.7　電荷リークの促進 ……………………………………………………… 84

第4章　静電気の検出・測定

4.1　帯電電位計と帯電電荷密度測定 ……………………………………… 86
4.2　帯電電位と帯電電荷密度——重要な関係 …………………………… 87
4.3　電荷量測定器とファラデー・ケージ ………………………………… 89
4.4　検電器，帯電チェッカ ………………………………………………… 91
4.5　電荷減衰特性の測定 …………………………………………………… 92
4.6　湿度測定器 ……………………………………………………………… 93
4.7　放電の検出器 …………………………………………………………… 95

第5章　静電気放電

5.1　静電気放電の特徴 ……………………………………………………… 98
5.2　静電気放電の場所を知るには ………………………………………… 99
　　5.2.1　リヒテンベルク粉図形 ………………………………………… 100
　　5.2.2　イメージインテンシファイヤ ………………………………… 101
　　5.2.3　適用例——複写機のローラ帯電モデル実験ほか …………… 102
5.3　剥離放電と巻き込み放電
　　　　——ローラによるシート搬送系で起きる放電 ………………… 104
　　5.3.1　剥離放電 ………………………………………………………… 105
　　5.3.2　放電の正負——静電気研究と放電研究での呼び方の違い … 113
　　5.3.3　巻き込み放電 …………………………………………………… 114
5.4　近づけ放電 ……………………………………………………………… 116
　　5.4.1　実験方法 ………………………………………………………… 117
　　5.4.2　近づけ放電の特徴 ……………………………………………… 118
5.5　メタル層を持つシートをはがすときに起きる放電 ………………… 122
5.6　薄いシートやメタルバック・シートと静電気の危険性 …………… 125

第6章 マイクロエレクトロニクスと静電気

6.1 過電圧に弱いマイクロエレクトロニクス …………………… 128
6.2 歩行に伴う人体の電位の上昇と振動 …………………… 129
6.3 人体などの移動に伴い静電誘導によって生じる電圧 ………… 131
  6.3.1 実験方法 …………………………………………… 131
  6.3.2 測定結果 …………………………………………… 133
6.4 ケーブルを電子機器に接続するときの静電気問題 ………… 135
  6.4.1 LANケーブルとその使用の特徴 ………………… 136
  6.4.2 LANケーブルなどの布設に伴う帯電によって心線に現れる電位 ‥137

参考文献 ……………………………………………………………… 142
図版出典 ……………………………………………………………… 144
索引 …………………………………………………………………… 146

第1章
静電気とは

本章では，まず，静電気とは何かという基礎事項を概説する。読者は，次章以下を先に読んで，必要に応じて本章を見てもらってもよい。

1.1　静電気はなぜ起きるか

異種の物体（固体か液体）が接触してのち分離すると静電気が起きる。両物体がもとは帯電していなくても，分離のときに電子の移動が起きて帯電する。図 1.1 は，2つの物体が接近し，接触し，分離して帯電する過程の説明である。静電気は物体が2つに分かれるときに現れ，一方の物体が正に帯電するならば，他方は負に帯電する。こういった帯電は異なる種類の二物体の摩擦でもっとも典型的に見られる。現実には，物体が同種であっても，表面の汚れなどの状態の違いがあるので摩擦帯電が起きる。もともとは1つであった物体が2つに分かれるときにも帯電する。物体が電気的に中性（帯電していない）であっても，2つに分かれるときに帯電する。

この様子は，船の出港の場面にたとえることができる。埠頭に来た人々は，出発する船客も見送りに来た人も男女同数であるが，出船のあとは，船上の人も埠頭に残った人も，男女比がアンバランスになる。片方に女性が多ければ，他方は男性が多数である。

分離時になぜこういうアンバランスが起きるかの説明は，物理学の本に譲る。**2つの物体が接触していて，圧力がかかったり摩擦があったりして，そのあとに物**

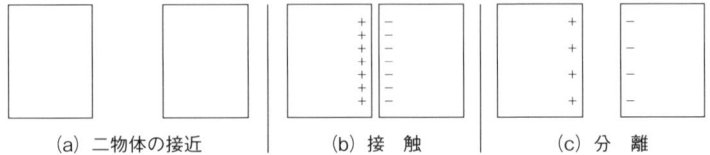

図 1.1　二物体の接触と分離による帯電[4]
接触時に発生した電荷は接触界面で電気二重層を形成する。分離時にはその電荷の多くはもとに戻り，残留した部分が帯電電荷として観測される。

体が分離すると静電気が起きやすいことを，読者は記憶してほしい。

1.2 静電気の極性

　2つの異種物体が分離してどちらが正にどちらが負に帯電するかは，物体の材料の組み合わせで決まる。これについては，**表1.1**のような帯電列がわかっている。2つの物体を押しつけたり摩擦したりしてから分離して起きる帯電は，この序列で決まる。2つの物体の帯電列上の間隔が大きければ，帯電しやすい。分離によって物体の一方がある極性（たとえば正）に帯電すれば，他方の物体はこれと反対の極性（たとえば負）に帯電する。物体が導電性であって接地につながっていると，分離によって生じた電荷は接地へ逃げてしまうので，結果として帯電しない。ある物体が，接触または分離する相手によって正にも負にも帯電し得る。帯電列の負の端にはテフロンやポリエチレンがある。だいたいのところ，プラスチックは負に帯電する。正に帯電する材料は，羊毛や人の髪の毛のようなたんぱく質系のもの，プラスチックではナイロン（ポリアミド）である。

　同じ材料でできている2つの物体でも，分離による帯電が生じる。それは，物体の表面は現実には汚れたり酸化したりしているからである。純粋かつ清浄な状態であれば表1.1の帯電列が成り立つが，大気中の実際の物体ではこれからずれることもある。

　このように，物体が正か負のどちらに帯電するかは，接触・分離する相手である物体と面の状態で決まるが，日常の実際では，絶縁物が負に帯電しているのに出くわすことが多い。

　静電気問題は，帯電の極性によって異なる場合がある。たとえば，静電気放電が絶縁物表面に残す傷跡は，帯電が負であると大きい。**帯電の極性をいつでも区別して観察，記録することが必要**である。

表 1.1 帯電列[4]

```
〈正極性〉
  ↑   窓ガラス
      セルロース
      ナイロン6
      ポリメチルメタクリレート（アクリル）
      ウール
      絹
      ポリスチレン
      ポリウレタン
      ポリビニルブチラール
      天然ゴム
      ポリアクリロニトリル
      ポリエステル
      ポリプロピレン
      ポリエチレン
      ポリ塩化ビニル
      ポリテトラフルオロエチレン（テフロン）
〈負極性〉
```

列上で上（正極性）側にある物質と下（負極性）側にある物質を接触させると，前者は正極性に，後者は負極性に帯電する．位置の近い物質どうしでは帯電量は少なく，離れた物質どうしでは多くなる傾向がある．

1.3 帯電とリーク

いままでの説明で"帯電"と書いたが，正確にはこれは電荷発生あるいは発電である．物体が持つ電荷は，大地に向かって刻々と流れる．これをリーク（漏洩，もれ）という．**現実に検出される帯電の状態量は発電からリークを差し引いた結果**であって，入金と支払いのある財布や銀行口座の現在高のようなものである．入金が大きくても，支出が大きければ，残高は小さい．だから，**電荷発生が大きくても，リークを増やしてやれば静電気問題は起きにくくなる**．

静電気問題は古くからあったが，現代では障害や事故の原因となることが多い．それは，絶縁抵抗が高いプラスチック材料の広汎な使用によって，帯電した電荷がリークして接地に逃げにくくなったからであり，またエアコンの普及による雰囲気の低湿化でリークが低下しているからである．

絶縁物からの電気のリークは，表面を伝わって流れることが多い．金属や導電性物体ならば，大地に結ぶ（接地する）ことで，電荷は消失する．電気抵抗の高い材料はリークが小さい．界面活性剤（帯電防止剤と称することもある）を塗布すると，物体表面のリークを大きくできる．界面活性剤は，その分子中に親水基と親油基（疎水基）を持つ一種のせっけんである．ふつうの中性洗剤でも，プラスチック製品などの静電気で困ったときに薄めて塗布すると，効果がある場合がある．

物体自体の電気抵抗を小さくするには，カーボンブラックなどの導電性材料を混入する方法がある．静電気対策品と称する作業用の物品にはこういったものが使われている．自動車のタイヤもその例で，カーボンの微細粉を練り込んであるので相当程度の導電性を持っており，これにより自動車ボディはふつうは接地状態にある．いすのジョイントやキャスター，プリンタなどの歯車やその軸，そして床材やマットに導電性を持つ材料を使用すると，リークが増して静電気問題に対して実効があることが多い．

1.4 絶縁物と電気抵抗

電池で電球や発光ダイオードを点けたりするとき，導体として銅線を使う．身のまわりの物のうちで，金属以外の物はだいたいのところ絶縁物であって，カーボンが導体と絶縁物との中間的な存在である．しかし，静電気を扱うときには，このようないわば動電気の世界の常識は通用しない．

大気中の物体の多く（金属や炭素以外）は，布や木をはじめ，静電気をリークする"静電気導体"である．トランジスタやICなどを扱うふつうの場合にはこれらを絶縁物として使用できるが，静電気の実験にはリークのほとんどない物体が必要である．そこで，静電気の立場からは，材料をその電気絶縁抵抗で次のように3種類に大別する．

・絶縁性領域（静電気をリークしない絶縁物）　$10^{12}\Omega$ 以上

- 拡散性領域（中間の材料）　　　　　　　　$10^5 \sim 10^{12}\,\Omega$
- 導電性領域（静電気を通す導体）　　　　　$10^5\,\Omega$ 以下

　プラスチックは電気絶縁抵抗が高い。これはプラスチックの特徴であるが，帯電してほこりを吸い寄せたり，不都合となる場合も多い。MOS 型 IC をプラスチックの袋に入れたりすると，破壊することが多い。IC を挿しておくプラスチック・フォームやケース，袋に黒色のものが使われているのは，プラスチックにカーボンを混入して電気抵抗を下げているのである。静電気対策だけでなく，導電性のプラスチックはいろいろな用途があり，時代の花形になっている。

　プラスチックのうちで静電気をリークしない絶縁物は，テフロン（ポリテトラフルオロエチレン）である。ポリエチレンやデルリン（ポリアセタール）もこれに次いで良好であり，アクリル（ポリメチルメタクリレート／PMMA）も相当に使える。ポリ塩化ビニル（PVC）は添加剤が含まれているので，静電気絶縁物には適しない。ベークライトはリークが大きめで，プラスチックとしては例外である。**ベークライトは静電気用の絶縁物としては使えない**ので，注意が必要である。

　なお，静電気をリークするかどうかは表 1.1 の帯電列とは別であり，混同しないように注意されたい。

1.5　水分と湿度

　実際の絶縁物表面のリークは水分に左右される。表面に水分があると，リークは大きく，電荷は接地に流れて消失しやすい。雰囲気の湿度が高いと，物体表面からの水分の蒸発や消失が少ないので，リークが大きく，静電気は接地に逃げやすい。ここで問題になる湿度とは，相対湿度である。

　絶対湿度と相対湿度について説明しておこう。空気はある程度まで水分を保持できる。空気中に含まれている水分を重量（グラム）で表したのが，絶対湿度である。空気中の水分が限界を超えると結露する。この限界は温度によって違い，

空気の温度が高くなるにつれてこの限界は大きくなる。空気に水分が含まれているとき，その水分が限界値の何％であるかを示すのが相対湿度（relative humidity を略して R.H. と書くこともある）である。

空気中に水分が含まれているとき，①空気の温度（気温）が上がると，相対湿度は低下する。②気温が下がると，相対湿度は上昇し，100％になると結露する。読者は，この①と②を練習問題だと思って，くりかえし考えて頭に入れてほしい。

相対湿度とは，結露条件にどれだけ近いか，遠いかということである。相対湿度を100％から引いた値（相対湿度80％ならば20％）は，水の蒸発しやすさの数字であると考えてよい。この数字が20％ならば，60％よりも水は蒸発しにくく，人の皮膚からも汗が蒸発しないのでべとべとする。静電気問題の起きる固体表面でも同じで，この数字が小さければ水分は表面に保持されやすいが，この数字が大きいと蒸発がどんどん進んで表面の水分が減っていくので，リークも減り，静電気問題が顕在化する。つまり，相対湿度が低いと，表面から水分がなくなりやすく，電荷のリークが小さくなって，静電気が問題になる。

日本では梅雨の季節には湿度が高いが，冬季は湿度が低い（ことに**部屋を閉めきってスチームや電熱やヒートポンプによる暖房を使用すると室内の湿度は低下する**）ので静電気問題が起きやすい。日本の気候は湿度が高く，相対湿度60％程度が標準とされてきた。しかし，エアコンが普及した今日，冬には室内の相対湿度が40％以下になるのもふつうである。米国でも，たとえばニューオーリンズ近辺では（エアコンを使用していない限り）湿度が高い。カナダなどでは，湿度が相当に低くなる場合がある。相対湿度が30％以下になると，静電気問題が頻発する。TIA（米国通信工業会）は，通信機器を収容している建物などは相対湿度を30〜55％に保つべきであるとしている。

表面に水分が保持されるかどうかは，面の性質にも依存する。表面が親水性であれば水は保持されやすいので，リークは大きい。逆に，面が疎水性であればリークは小さい。疎水性の面では，水滴は（水銀のように）玉になりやすいが，親水性であると水が面に広がる。ガラスなどと比較して**プラスチックは疎水性**であり，この意味でもプラスチックは静電気問題を起こしやすい。界面活性剤を塗布

して，面の疎水性を変える方法もある。

界面活性剤は，水と油の間を取り持つせっけんのようなもので，1.3節で述べたように疎水性・撥水性の面を親水性にする作用がある。表面に界面活性剤があると，大気中の水分（湿度）を面にくっつけるので，電気がリークしやすくなる。界面活性剤には，正イオン系，負イオン系などの種類がある。くわしくは文献を見てほしい。

静電気問題とは，端的に言えば湿度である。第5章，第6章で述べる筆者のモデル実験は，すべて温度を19～24℃，相対湿度を38～50%に管理した実験室で行った。

1.6 静電気による力

帯電した物体には力がはたらく。第2章でこの力による作用をいくつも紹介するが，ここでは静電気に関係する力を整理して説明しておこう。

1.6.1 電界と電気力線，平等電界と不平等電界

帯電した物体があったり，電極に電圧を印加すると，まわりの空間に電界ができる。電界とは一種の緊張状態のようなものである。電界は，均一な**平等電界**と，

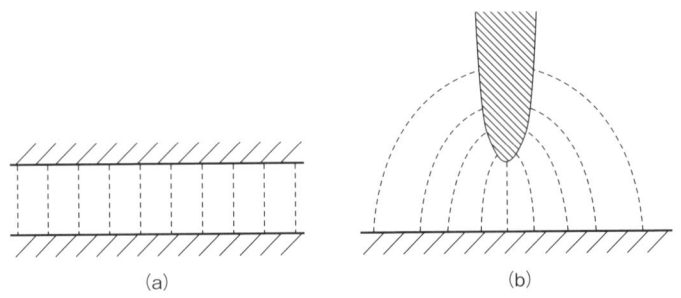

図1.2 平等電界(a)と不平等電界(b) 破線は電気力線を示す。

不均一な**不平等電界**に大別される。

図1.2(a)に示した平行平板間の電界は平等であり，(b)に示した針-平板や球-平板間の電界は不平等である。図中の破線を電気力線という。電位（電圧）の高いところを山，低いところを海と考えて，山のてっぺんから水を流したとすると，電気力線は水が流れる道のようなものである。不平等電界では，山が尖っているようなものであるから，水の流れる道は山を下りるにつれてまばらになる。

1.6.2 電界の強い方へ向く力

平等電界であり，しかも電気力線で示した電界が完全に対称であると，その電界中の物体に力ははたらかない。図1.3(a)の場合がこれである。不平等電界中の

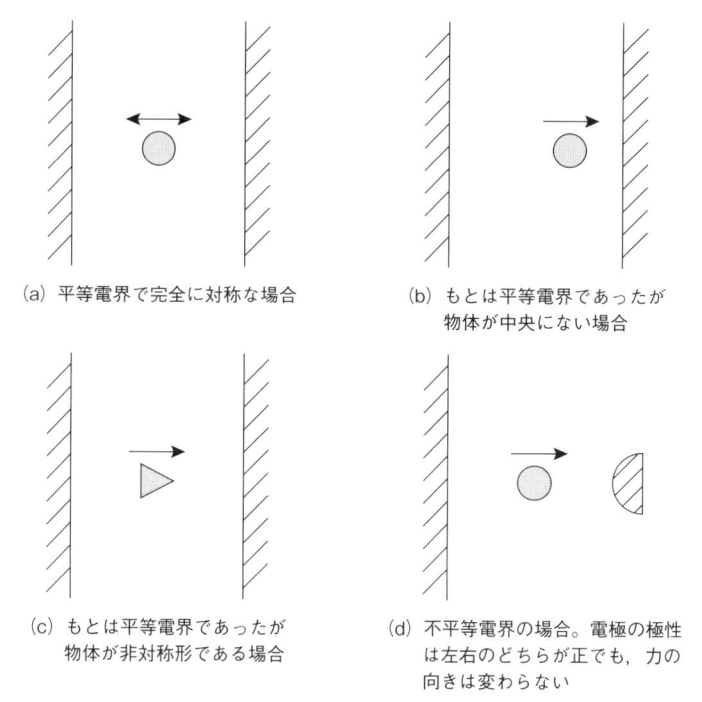

(a) 平等電界で完全に対称な場合

(b) もとは平等電界であったが物体が中央にない場合

(c) もとは平等電界であったが物体が非対称形である場合

(d) 不平等電界の場合。電極の極性は左右のどちらが正でも，力の向きは変わらない

図1.3　平等電界で完全に対称な場合とそうでない場合にはたらくグラディエント力（小物体の比誘電率が媒質の非誘電率よりも大きいとき）

物体には，(d)のように力が働く。力の向きは，大気中の固体や液滴，油中の固体や水滴であると，電界の強い方へ向く。尖った形の電極へ向かって，電極の極性のいかんを問わず，動かされるのである。たとえを使って言えば，電界の地形のなかで物体は山を登ることになる。

(b)と(c)では，もとは電界が平等であっても，物体が入った（中央ではなくどちらかにずれたり，物体が対称形でなかったり）ので，対称であった電界が乱れて，少々不平等になる。この不平等性が力のもとになる。(a)の場合でも，左向きの力と右向きの力が平衡していて動かないのであるから，物体がゆれたりわずかな変化があると，バランスが破れて物体はどちらかの電極へ引き寄せられる。

物理の専門用語では，電界の強い方へ向くこの力をグラディエント力とかダイエレクトロフォレティック・フォース（dielectrophoretic force）という。もちろん，読者の大多数にとって難しい名称は重要ではない。

さらに専門的になるが，この力の原理を説明しておこう。電界中の物体の面には，向かい合っている電極の極性と反対の電荷が誘導される。平等電界であり，しかも電気力線で示した電界が完全に対称であると，この静電誘導による電荷も物体に対称に生じる。しかし，もし物体が非対称系であったり，電極間の完全に中央になかったりすると，物体面の誘導電荷の分布は非対称になる。これが非対称であると，この誘導電荷と電極との間にはたらく力も非対称になる。綱引きが物体の両側二箇所で行われるようなもので，電界の不平等性の強い方へ向く力が勝って，物体はこちら向きに動かされる。

さきほど，力の向きは電界の強い方へ向くと書いたが，それは周囲の空気や液体の比誘電率が固体，液滴，水滴の比誘電率よりも小さい場合である。これが逆であると，力の向きは電界の弱い方へ向く。液体中の気泡はその例である。注射針のような中空の細いパイプを液中に入れて空気を吹き出すとき，針に電圧を印加すると，空気の吹き出しはジェットのように勢いよくなる。気泡は，電界の強い針先から遠ざかるように力を受けるのである。

さきほどのたとえのように，電界や電圧は地形に高低差があるようなものである。物体に作用する力は，高低差や斜面の勾配による。しかし，現象のもとは電

荷であって，静電気の電界や電圧をなくすには，電荷をなくす必要がある。これについては，4.2節でさらに説明する。

1.6.3 帯電した物体にはたらく力

　物体が帯電していると，電界の平等性のいかんや，電界の対称性や，物体の位置によらず力がはたらく。正に帯電した物体は負電極の方へ引き寄せられ，正電極からは反発される。同様に，負に帯電した物体は正電極の方へ引き寄せられ，負電極からは反発される。この吸引力と反発力は，物体と電極間の距離（正確には，向かい合っている電荷の間の距離）の自乗に反比例するというクーロンの法則に支配される。それゆえこの力をクーロン力と呼ぶこともあり，また，エレクトロフォレティック・フォース（electrophoretic force）ともいう。クーロンの法則は，電気工学系の学生には電磁気学の最初に教えるから，記憶している読者も多いであろう。この力を利用して電圧を測定する静電電圧計もある。

　さきほどの図1.3(a)は不安定な平衡なので，実際には小球は左右のどちらかに動き，電極に衝突する。球は電極に接触して電極と同じ極性の電荷を電極から受け取って帯電するので，今度はこの電極から反発され，他の電極に吸引される。この過程がくりかえされて，球はピンポン運動をする。実際に図1.3(a)の配置で球を絶縁糸でつるしておくと，球は両電極間を振り子のように往復する。物体（小球）が絶縁物であると，電極から電荷を受け取る過程は時間がかかるが，導電性ならばすぐに進行する。

　ダイエレクトロフォレティック・フォースやエレクトロフォレティック・フォースをEHD力と呼ぶことがある。液体などの中の物体が電気の力でどう動くかという学問を，EHD（electro-hydrodynamics。流体電気力学）という。細胞ほか，液中の微小物体を取り扱う場合など，EHD応用の重要性が増している。

　以上をまとめると，静電気によって電界中の物体にはたらく力には，①電界の強い方へ向く力（物体の比誘電率が媒体の比誘電率よりも大きい場合）と，②物体が帯電している場合にはたらく吸引・反発力とがある。実際の空間では，帯電

した物や電圧を印加した電極の表面は床，壁，天井，家具などの周囲物（ふつうは接地電位にあるとみなせる）の表面よりも電界が強いから，物体は帯電した物や電圧を印加した電極に向く力①を受ける。物体が電荷を得る（帯電している）と，吸引力だけでなく反発力②が現れる。

　①と②の力は，物体が小さくて軽いと，実際に有効に作用する。この力は距離の自乗に反比例する。それゆえ，静電気力を利用しようとするとき，距離が遠い場合は空気流などを使って小さい物体を近くまで運んでやる必要があり，距離がごく近くなると，この力は非常に強く作用する。静電塗装の粒子などはその例である。

　この力の結果として，次のようなことがある。電界中の小さい物体は，帯電していてもいなくても，だいたいのところ電気力線に沿って動く（山のてっぺんから水を流したり，球を転がすようなものである）。電界の中に糸や紙片を入れると，電気力線に沿って伸びる。糸や細い紙片の端が，電気力線に沿って，長い糸や紙片を引っ張ると表現することもできる。

　第2章で述べる事例での力や運動も，全部これで説明できる。帯電した物体の直近の電界はこれより遠い場所の電界より強いから，ほこりを吸い寄せる。はがしたセロテープが巻いてあったもとの面に戻ろうとしたり，歩いたり服を脱ごうとするときに服がまつわりついたり，髪に櫛をあてると髪が櫛にくっついたりするのは，この力による。帯電した物体（たとえば，こすった下敷き）に頬や腕の毛が引きつけられて立つのは，毛の端が電界の強い方へ移動しようとして，毛全体を引っ張るからである。

　口絵3では，絶縁台の上に乗ってバン・デ・グラーフ発電機にさわり，高電圧電位になった2人の子どもの髪が立っている。手をつないだ2人の電位は同じで，2人の頭の間には電界がないので，ここの髪は立たない。髪の毛は接地電位にある壁や天井に向かって引っ張られるから，右側の子の外側の毛がいちばん立っている。立った髪の毛は，ちょうど図1.2(b)の電気力線のようなものである。

　静電気による力を役に立てる場合もある。複写機の中では，この力を利用して，トナー（黒や赤の色粉）を感光ドラムにつけている。静電塗装では塗料の細かい

粒を塗装される面につけ，電気集塵機では小さなごみを集め，静電気植毛ではじゅうたんをつくるときに毛を立てる。

1.6.4　静電誘導

静電誘導についても述べておこう。帯電物体A（あるいは電圧の印加された電極）のそばに帯電していない物体Bがあると，**図1.4**に示すように，物体B上で物体Aに向かい合う面に，物体Aとは逆極性の電荷が誘導される。この現象を静電誘導という。物体B上で物体Aと反対の面には，物体Aと同極性の電荷が生じる。もともと帯電していなかった物体に，等量の正電荷と負電荷が反対の場所に現れるのである。この現象は，学校の理科での，箔検電器に帯電した棒を近づける実験で見られるのと同じである。

このとき，導体（金属など）では電子が導体内を移動するが，誘電体（プラスチックほか絶縁物）では"分極"という現象で静電荷と負電荷が分かれて現れる。くわしくは，電磁気学の教科書を参照されたい。

静電誘導の結果，物体Bは帯電物体Aと同じ極性の電位を持つ。その電位 V_B

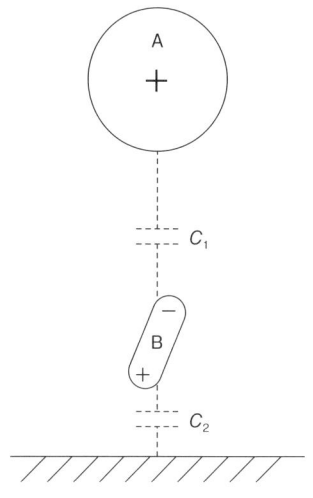

図1.4　静電誘導現象によって現れる電荷と電位

は，物体A・物体B間の静電容量 C_1 と，物体Bの対地静電容量 C_2 で，帯電物体Aの電位 V_A を分圧した値である。すなわち，次の式で与えられる。

$$V_B = V_A C_1 / (C_1 + C_2)$$

物体AとBは，極性が逆で向かい合っているから，引力が働く。同様に，物体Bと接地間にも引力が働く。これら2つの引力が"綱引き"した引き算の結果が物体Bを動かす。1.6.2項で説明した力は，この静電誘導によって生じるのである。

帯電物体のそばに人がいてなにか作業をすると，人の腕や手指（物体B）から帯電物体Aと同極性の放電が第3の物体Cに向かって起きることがある。人の腕や手指は，物体Cに対しては物体Aと同じ極性に帯電しているのと同じ作用をする。

これらのさまは，磁石に鉄釘をつけると，**図1.5**のように釘がさらに別な釘を吸いつけるのに似ている。NSNS……と磁極が現れるこの現象（磁気誘導と呼ばれる）は，読者にも子どもの頃からなじみ深いであろう。

この静電誘導による電位と放電は実際に起きることがあり，重要であるが，物

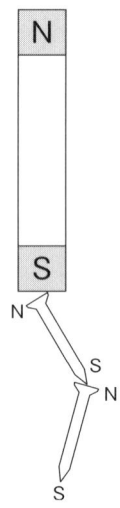

図1.5　電磁誘導によって磁石につぎつぎと鉄釘が吸いつけられる

体Bはもともとは帯電していないので，静電気専門家でない人にはふしぎに思えるかもしれない．読者は，図1.4や図1.5を見て何度も考えてほしい．次章に述べる〈事例7〉，〈事例21〉，〈事例22〉や，第6章の6.3節で述べる現象は，静電誘導によって起きる．

1.7 放電とは——火花放電，コロナ放電，沿面放電

電極に高電圧を印加したり，物体の帯電電位が高くなると放電する．放電の知識[7,8]は静電気問題を扱うときに必要であるから，ここで説明しておこう．**図1.6**に代表的な放電の例を示す．

電極間の空気ギャップをブリッジする放電を**火花放電**という．じゅうたんの上を歩いてドアのノブにさわったときに，指先とノブとの間に飛ぶ放電は火花放電である．部屋の照明を点けたり消したりするときに壁のスイッチの奥に光が見えるが，これも火花放電である．雷も火花放電である．

電極が尖っていたり，細い線であったりすると，尖端や線で放電が起きる．これを**コロナ放電**という．電極でなくても尖端であれば生じるので，雷雲が近づいたときなど，槍の先や船のマストに見られることが古くから観察されている．王

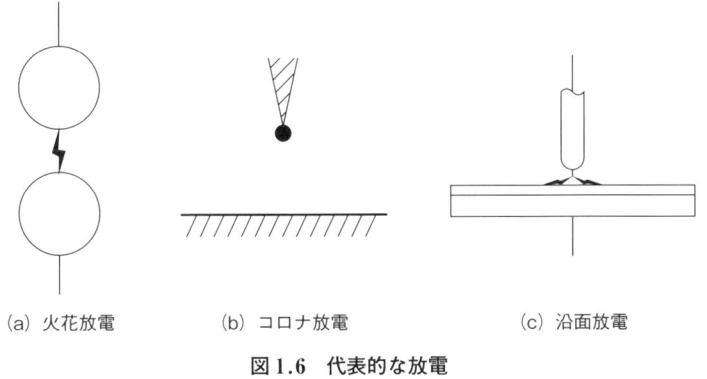

(a) 火花放電　　(b) コロナ放電　　(c) 沿面放電

図1.6 代表的な放電

冠やビールびんのふたのように，なにかのてっぺんにある小さなリングに見えるのでコロナという。架空送電線には尖った場所がたくさんあるから，コロナ放電が起き，雨の日にはとくに生じやすい。暗ければその光が見えるし，電磁ノイズとしてラジオの邪魔になる。

絶縁物の上に電極があると，放電は面上を広がる。これを**沿面放電**という。沿面放電は，帯電したプラスチックの表面にも起きる。ポリ袋や，ファクス，プリンタ，複写機の筐体や給紙トレーに見られる鳥の足跡のような模様が，沿面放電の跡である。

放電はある程度高い電圧でないと起きない。静電気が原因で生じる放電（静電気放電）ならば，帯電電位が高くないと生じない。どの程度の電圧で放電するかは，コロナ放電と沿面放電では，電極の大きさほか，条件によって変わる。火花放電では，大気圧空気中ではギャップ長で放電電圧が決まる。大気中での火花放電の起きる電圧は，平等電界ではだいたいのところギャップ長に比例する（正確には，火花の電圧の上昇はギャップ長に比例するよりもややゆるやかである）。

1.7.1 火花放電

火花電圧は空気の密度（気圧）にも依存し，気圧が下がると火花電圧は減少する。おもしろいことに，気圧が大きく下がると火花電圧は再び高くなる。つまり，この特性は下に凸な曲線である。空気中の火花電圧対ギャップ長・気圧特性はよく調べられていて，**パッシェン電圧**とか**パッシェン曲線**とか呼ばれている。図1.7は空気のパッシェン曲線であり，火花電圧は［絶対気圧×ギャップ長］の関数であるので，横軸はこれである。大気圧空気ではパッシェン曲線の極小はおおよそ $8\mu m$ で生じ，その電圧は約300Vである。すなわち，空気中では（特殊な例外を除いて），300V以下では火花放電は生じない。

火花電圧は，ガスの種類によっても異なる。アルゴンやネオンなどの希ガスは，空気よりも低い電圧で放電する。ネオンランプの橙色は，ネオン特有の色であり，ネオンランプではガス圧を低くして放電電圧をさらに下げている。ガス圧が低いと，ネオンに限らず空気でも放電チャンネルは広がってグロー状になる。ガス圧

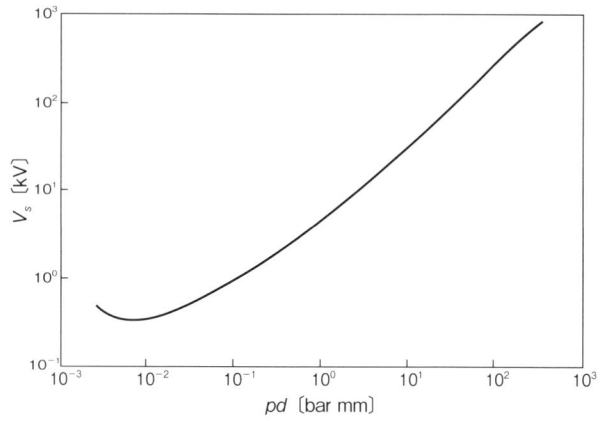

図 1.7 空気のパッシェン曲線

(空気圧) が高くなると放電チャンネルは細くなる。

ギャップ長 d が 0.01〜20 cm 程度では,パッシェン則による火花電圧 V_s [kV] は,

$$V_s = 24.4 \rho d + 6.53 \sqrt{\rho d}$$

で表される。ここで,ρ は相対空気密度であり,

$$\rho = \frac{p}{1013} \cdot \frac{293}{T+273}$$

である。p は気圧 [hPa],T は気温 [℃] である。ρ は,大気が 1 気圧・20℃ のとき,1 である[7,8]。

常温の大気圧空気中 (パッシェン曲線の極小よりも右側,すなわちギャップ長が数分の 1 mm 以上の場合) では,火花放電の起きる電圧は **1 mm あたり約 3 kV** である。読者は,この値を目安として記憶されたい。パッシェン電圧は平等電界を想定しているので,電圧の極性には関係しない。厳密には,パッシェンの法則は電極が平行平板の平等電界形電極の場合に成立するのであり,電極が尖っている場合には適用できない。静電気を扱う場合には平行平板に近い電極ではない場合が多いが,極端に尖っていない限りはパッシェン電圧を火花電圧の基準として

使うこともある。

　なお，ギャップ間が空気でなく固体や液体の絶縁物であると，絶縁物の厚さ1mm あたり 3kV よりもずっと高い電圧に耐える。平等電界であって，気泡や異物のない理想に近い場合は，10 倍以上の耐電圧が期待できる。したがって，固体絶縁物や液体絶縁物を使うと高電圧絶縁を小型につくることができる。くわしくは，高電圧工学の本を見られたい。

　不平等電界では，ギャップ長が同じである平等電界の場合の火花電圧と比較して，低い電圧で放電が起きる。針や細い線では，パッシェン電圧よりもずっと低い電圧で放電が始まり，しかも火花放電でなくコロナ放電が生じる。**尖った物体（とくに金属の）からは放電が起きやすい**ことを，読者は記憶してほしい。コロナ放電であっても，電圧をずっと高くすると火花放電に転化する。コロナから火花に転化する電圧は，同じギャップ長で平等電界型電極のパッシェン電圧よりも高いことが多い。したがってコロナ放電は，尖った電極から火花放電が起きないように弱い放電にとどめる作用をしていると考えることもできる。コロナ放電の特性については，第 3 章でも述べる。

　ギャップ長が数十 cm 以上の場合，平等電界型電極であることは実際にはほとんどない。**大気中では長ギャップ・不平等電界であっても，火花放電には 1cm あたり約 5kV が必要である**。この値は，高電圧絶縁設計の目安になる。

　さて，火花放電の結果，電極は短絡状態（ショート）になる。高電圧が存在したのが短絡されるのであるから，ここで大きなエネルギー消費があり，発熱したり，大きな音がしたり，ラジオノイズが放射されたりする。このエネルギーによって，可燃性雰囲気で着火・爆発が生じ得る。沿面放電でも（第 5 章に述べるような静電気による沿面放電でも），着火・爆発につながる可能性がある。

1.7.2　コロナ放電

　コロナ放電はエネルギーが小さい（流れる電流が小さい）ので，着火・爆発のもとにはならない。コロナ放電でも電圧を上げすぎると火花放電に転化するので，除電器に使うときなどは注意が必要である。**電極尖端が尖っているほど（線が細**

いほど），そして相手の電極までの距離（ギャップ長）が大きいほど，**コロナ放電は安定で火花放電になりにくい**。コロナ放電の安定性は極性にも関係し，負コロナ（尖った／細い電極に負の電圧を印加する場合をこのように表現する）の方が正コロナよりも火花放電に転化しにくい。しかし，負コロナ放電にも難点があって，正コロナよりも空気中の酸素からオゾンを生成しやすい。

1.7.3 沿面放電

沿面放電についても少し説明しておこう。上述のように常温の大気圧空気中・平等電界ではギャップの火花電圧は1mmあたり約3kVであるが，図1.8のように沿面ギャップであると，この値はずっと小さくなる。どのぐらい小さくなるかは種々の条件に支配されるので一概に言えないが，**1/10以下になることも珍しくない**。例を挙げると，ソケットのピン間に3kVがかかっているとして，ピン間隔を1mmにすると，固体絶縁物自体は厚さ1mmで3kVに十分耐えても，固体表面のピン間で沿面火花放電や絶縁劣化が起きるおそれがある。3kVに対して沿面ギャップ10mmにすれば，いつでも十分とは言えないにしても，目安となる値であろう。静電気関連でコロナ放電を利用するときなど，6〜8kVの電圧を印加することがあり，こういった場合は沿面絶縁距離が30mmは必要である。この距離が確保できない場合は，**固体絶縁物表面にひだをつけて絶縁距離を稼ぐ**ようにする。

図1.8のように，接地導体上の固体絶縁物の表面の電極に電圧がかかっている場合，沿面放電は容易に伸び，沿面火花へ転化しやすい。このような配置の接地

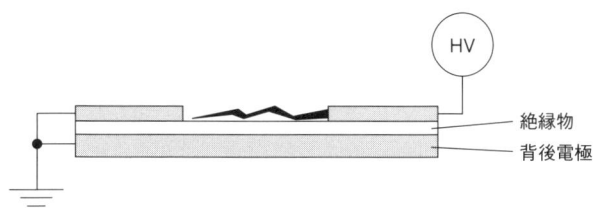

図1.8 沿面ギャップと沿面火花放電

20　第1章　静電気とは

導体を背後電極という。

　沿面放電は，電圧が低い間はポールブッシェルと呼ばれる弱い放電であるが，電圧が高くなるとグライトブッシェルという長く伸びる放電になる。**図1.9**はポールブッシェルとグライトブッシェルの例で，接地金属板に写真フィルムを重ね

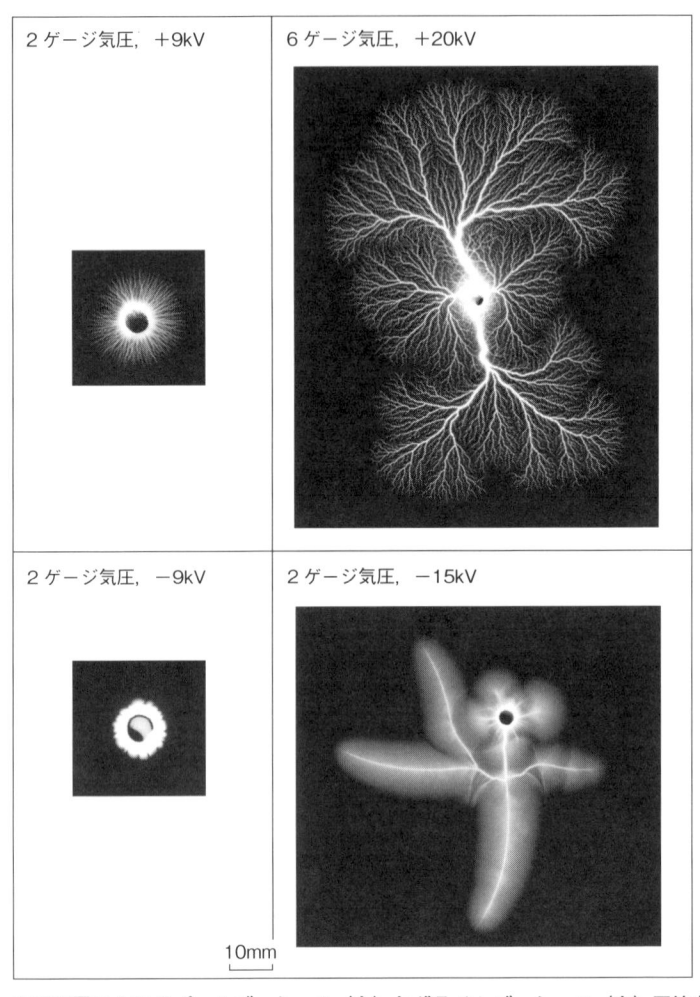

図1.9　沿面放電におけるポールブッシェル（左）とグライトブッシェル（右）圧縮空気中で6mmφの棒電極を写真フィルム（背後電極付）の上に立てて電圧を印加した。

て棒電極を置き，棒電極に高電圧を印加したあと，フィルムを現像して得たものである。このような放電図形をリヒテンベルク写真図形といい，後述の粉図形同様に沿面放電の研究に使われる。

　グライトブッシェルは放電エネルギーも大きく，着火・爆発のもとになりやすいなど，害が大きい。背後電極のある場合，グライトブッシェルはとくに長く伸びやすい。接地金属板にプラスチック塗装がしてあるとこの典型になり，数m以上も伸びる沿面静電気放電が起き得るので，注意が必要である。くわしくは，第2章〈事例24〉と第5章で述べる。

　放電は，以上に見たように，光（紫外線も），音（超音波も），熱，電磁波（ノイズ），化学作用を伴う。これらが害になることもあれば，これらを利用することもできる。これら光，音，熱，電磁波，化学作用を検出して，有害な放電の存在を調べたり，その発生場所を特定することもできる。4.7節にその例を述べる。

第 2 章

帯電と放電の事例
静電気はいたるところにある

本章では，日常の身のまわりからはじまって，工場やオフィス，さらに宇宙空間の人工衛星などで見られる静電気問題の事例を挙げる（事例1～40）。最初のいくつかは読者の多くが経験済みであろう。番号が進むにつれて，ちょっと見にはあり得ないような事例が出てくるが，説明を読むと理由のあることがわかるはずである。これらの事例の研究は，静電気への対処の練習問題でもある。ここで挙げたようなことが起き得ると知っていれば，静電気問題の多くをときほぐして理解することができるであろう。当面抱えている問題とは遠い事例だと思われても，以下の事例紹介を全部読んでもらいたい。ヒントになることがあるはずである。

これらの事例のほかにも，静電気による不都合や静電気の利用にはさまざまな種類がある。本書ではわかりやすい代表例を選んで紹介するが，読者はぜひ文献[2,3,4]を参照されたい。静電気と静電気放電のいくつかについては，第5章と第6章でさらに検討する。

2.1　日常生活における静電気

事例1　プラスチックの下敷きをこすると帯電する

小学生の頃，下敷きを脇にはさんでこするのは，だれもがやったことであろう。チリチリと小さな音が聞こえるのは，下敷きが服から離れるときに起きる剝離放電の音である。測ってみると，下敷きは数kV～数十kVになっていることがわかる。プラスチック製品は，特別に自分でこすったりしなくても，数kV以上に帯電していることがあると思わなければいけない。このような値は，配電線や送電線で使われている高電圧と同じ大きさである。配電線や送電線であると，発電機に結ばれていて電線にさわると発電機から電流が供給されるので，感電事故になる。静電気の場合はエネルギーが小さいから，下敷きの帯電表面に指でさわってもなんともない。

いすから離座したときも帯電する。事務用チェアから人が離座したとき，人体

や座は数百V以上に帯電することがある。いすの帯電関係の問題は次節でも述べる。

事例2 シャツやセーターを脱いだり，髪の毛に櫛をあてると，小さな音がする

これも〈事例1〉と同じで，下敷き，服，セーター，髪の毛，櫛がこすれて帯電し，離れて距離が増すと放電するのである。帯電電荷 q が存在するとき，その地点の帯電電位（対地電圧）v は，その地点の対地静電容量 c で決まり，

$$q = cv$$

の関係がある。この式（次の式も）は，静電気の基本式であるから，読者は必ず覚えてほしい。c は対地距離 d に反比例するから，

$$v = q/c \propto qd \propto d$$

である。電圧 v は，距離（たとえば櫛と毛髪間の距離）d が 0.1mm であったのが，剥離に伴って 1mm になれば 10 倍，10mm になれば 100 倍と急激に上昇する。したがって，放電が起きるのは当然である。人体は，静電気の立場から見ると，皮膚でできた風船の中に電解液をつめたようなものであって，通常の状態では接地物体と考えてよい。セーターの場合であれば，脱ぎ終わる頃にパチパチと音がするのは，人体すなわち接地物体からの距離が増大して電圧が大きくなり，放電が起きるからである。

実際に，綿のワイシャツの上に着ていたウールのセーターを脱いでみると，セーターは約 +5kV に帯電し，ワイシャツ（着たまま）は -1kV 程度であった。

髪の毛に櫛をかけたとき，プラスチックの櫛は +2kV，髪の毛は -2kV 程度であった。

衣服を着脱するときに起きる放電は剥離放電であり，後述の〈事例16〉も同様である。剥離放電については，5.3節でくわしく述べる。作業場で衣服を着脱することは，衣服が機械に巻き込まれたりする危険があるだけでなく，剥離放電による可燃性ガス，物体の着火・爆発の可能性があるので，不可である。**衣類の着脱は作業場でないところでするように，習慣づけるべきである。**

事例3　同上で，服や髪の毛がまつわりつく

分離して帯電した2つの物体は逆極性の電荷を持っているから，相互に引き合う。服や髪の毛がまつわりつくのはそのせいである。

事例4　セロテープやラベルをはがすとき，はがれたテープやラベルがもとの場所にくっつく

セロテープやラベルを扱うときにこの現象が起きてやりにくいということは，多くの人が経験しているであろう。これも，剥離による帯電ではたらくクーロン力の例である。"セロテープ"として市販されている粘着テープをはがしてみると，テープは+2kV，残っているロールは-2kV程度の電位であった。

事例5　プラスチックにほこりがついて困る

ポリ袋などは，帯電してほこりを吸い寄せやすい。メガネや物差し，オートバイの風防ほかに使われる透明プラスチックはアクリルであるが，これも相当に絶縁抵抗が高いので，帯電してほこりがつきやすい。

年配の読者ならば，LPレコードにほこりがついて困ったことを記憶しているであろう。こういったプラスチックのほこりを取ろうとして拭くと，摩擦でほこりがまたついてしまう。レコード用の除電スプレーや，イオン・シャワーを出すピストル・ガンがあったり，水で湿らせたガーゼで盤面を拭いたりしたものである。

ほこりがつくと困るアクリル製の物では，素材中に界面活性剤を練り込んだり，成形後に表面に界面活性剤を塗ったりする。

事例6　ストローを紙袋から出すと帯電する

ポリプロピレン製ストローが1本ずつ紙袋に入っている。1本を取り出して帯電電位を測定すると，約-1.5kVあった。これを細くしぼった（途切れないように）水道の水流に近づけると，水流が図2.1のように曲がる。接地と同じ電位の水流と帯電したストローとの間にクーロン力がはたらいていることがわかる。

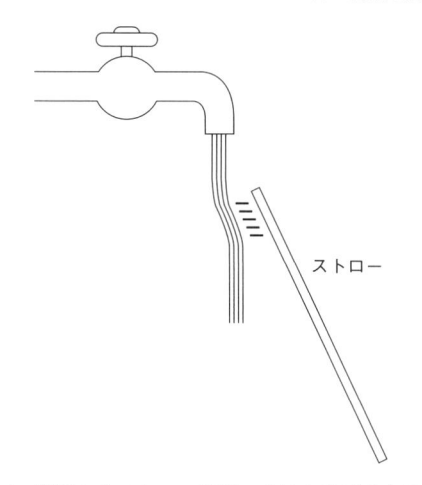

図 2.1　帯電したストローは細い水流を曲げる力がある

事例7　ポリ袋をケースから取り出して蛍光灯のそばで振ると，蛍光ランプが一瞬光る

　ポリ袋は取り出すときにこすれて，容易に数kVに帯電する。実際にゴミを入れるポリ袋を測定したところ，$-2\mathrm{kV}\sim+2\mathrm{kV}$程度の帯電電位であった。この電位はポリ袋の場所によって違い，極性が変化するのは，第5章に述べるような放電が起きて，もとの帯電電荷と反対極性の電荷がその場所に堆積するからである。有色粉を振りかけると，放電の跡が図2.17（50頁）や図5.6（104頁），図5.10（109頁）（後掲）のように現れるはずである。

　このように帯電した大きめのポリ袋を振ると，蛍光ランプが光る。蛍光ランプの電極には，静電誘導でポリ袋と逆極性の電荷が現れる。ランプの両端の電極に現れる電荷の量は等しくないから，両端の電極に電位差ができ，ランプが一瞬光るのである。蛍光ランプをはじめ，放電灯の感度は相当に高く，電位差さえ大きければわずかなエネルギーでも光る。この光は，部屋を暗くして眼をならせば，肉眼でも見える。

事例8　じゅうたんの上を歩いてドアのノブにさわるとショックを受ける

　靴底や，Ｐタイルなどの床材やじゅうたんにポリマー（プラスチック）材料が使われるようになり，またエアコンが普及して屋内の湿度が下がったため，この現象はホテルだけでなくふつうの家でも起きるようになった。人体からじゅうたんや床に圧力がかかり，足が離れるときに電荷が分離する。つまり，歩行は静電気の発電をしているようなものである。人体の対地静電容量はおおよそ200pFであり，**歩行によって人体の対地電位は容易に20kV程度になる。**

　こうして歩行帯電した人がドアのノブにさわると，ノブは接地状態であることが多いから，手とノブとの間で放電が起きる。図2.2は，この放電の光である。照明を切ってまわりを暗くして眼をならせば，この放電光は肉眼でも見ることができる。この放電でショックを受けるとびっくりするが，感電して死ぬことはない。しかし，このショックでガラス器具や劇物を取り落としたりして起きる二次事故のもとにはなる。

　大事に至らないにしても，ショックを受けるのは不快である。これを避けるには，金属製のもの（板カギとかボールペンとか）を手に持って，これでまずドアのノブにふれるとよい。指でノブにふれようとすると，図2.2のように放電の火花が指先の一箇所を通る。放電の電流は小さくても集中して通るので，神経に感じる。放電の電流が金属片から手に流れる場合には，金属片を握っている手の全

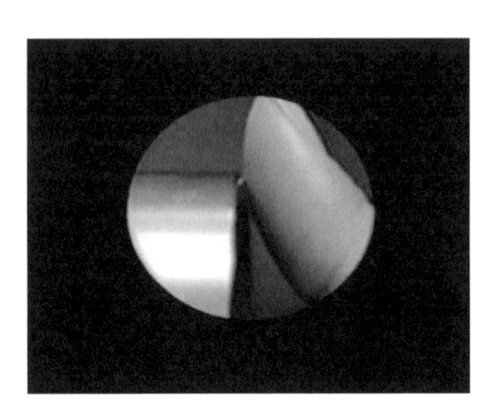

図2.2　帯電した人体の指とドアのノブとの間の火花放電

面に電流が分散するので，神経への刺激はずっと少ない．

事例9　自動車から降りるときにドアにさわるとショックを受ける

　自動車の中で人体は上下左右に振動し，座席の表面などにこすれたり，ついたり離れたりするから，**静電気発電をしているのと同じ**である．人体が帯電するため，ドアにさわってショックを受けてもふしぎではない．

事例10　水滴や霧の帯電

　水道の蛇口を接地しておけば，水道管の中の水は帯電していない（中性である）とみなせる．これからポタポタと水滴が分かれるときに，電荷が分離するのである．

　霧吹きでも，同様の帯電が起きる．家庭用の霧吹きスプレー（ポリプロピレン製）を30回操作したところ，霧吹きのノズル付近が-500V程度になった．霧の水滴は，これと逆極性に帯電しているはずである．

　水が大小の部分に分かれるとき，小さい方が負に帯電する傾向がある．この分裂帯電は，レナード効果とも呼ばれる．霧の帯電が負であるのは，これによる．分裂帯電によって雷雲が生じるのだとする説もある．

　本項のうちの以上の記述と区別して読んでほしいが，次のようなこともある．図**2.3**のように，噴霧ノズルの近くに帯電物体（電圧を印加した電極でもよい）を置くと，霧の帯電はこれと反対極性になる．霧滴が分離する寸前の水の帯電物体と向かい合う表面には，1.6.4項で説明した静電誘導によって帯電物体と反対極性の電荷が現れているから，分離する霧滴にはこれが残るのである．こうして霧の帯電を制御する可能性がある．静電気ではこのように，工夫によっていろいろなことができる．本書では，簡単でわかりやすい事例を中心に述べたが，興味を持つ読者はぜひくわしい文献[2-4]を読んでほしい．

事例11　家庭の静電気問題を解消するには

　ドアのノブにさわってショックを受けるという経験は，以前にはホテルであっ

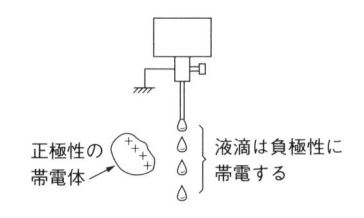

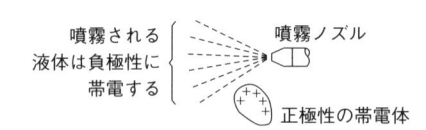

図2.3 噴霧帯電の極性を静電誘導で変えることができる[4]

ても家庭ではなかった。プラスチックや合成繊維の使用，エアコンの普及による湿度の低下といった生活のさまが変化した結果である。奥さんが御主人の肩に手を置いたらショックを受けたので，このようなことが起きないように静電気をなくしたい，という相談を受けたことがある。奥さんと御主人でなくても，起き得ることである。

　和服を着て歩くと，すそがまつわりついて困るという問題もある。これは前章で説明したように，帯電した服にクーロン力が作用するからである。服と人体との間に摩擦と分離がくりかえされて帯電するのであるが，お召しと襦袢との間の摩擦による帯電もあるから，襦袢などの下着の素材を選ぶと効果があるかもしれない。お召しと下着といった，すれ合う衣服の素材が表1.1（4頁）の帯電列上で離れていないのがよい。発汗の多い人と皮膚の乾いた人がいるから，個人差もある。服がまつわりつかないようにするスプレー剤もあるが，高価な服にスプレーして良いかどうかを考えてから使うことであろう。こういったスプレーには，帯電防止剤として界面活性剤が入っている。

　プラスチックや合成繊維といった人工素材よりも，天然素材からつくった物の方が静電気問題を起こしにくい。天然素材は，概してプラスチックや合成繊維よりも電気抵抗が低いからである。木綿でも雰囲気の相対湿度が10％以下になると

非常に帯電しやすくなるが，これは家庭ではまず生じにくい状況であろう。

静電気対策をした服（作業服）や履物などもあるので，これを使用してもよい。しかし，デザインや色，サイズなどの点で一般向きとは言えない。

部屋の湿度（相対湿度）を上げるのが，静電気対策として有効である。冬には空気が乾燥しているうえに，エアコンで暖房すると，閉じた室内の空気中の水分（絶対湿度）は変化しないのに温度だけが上がるから，相対湿度は低下する。そうすると，物体の面からの水分蒸発がさかんになり，表面から水分がなくなり，電気のリークが少なくなる。そこで静電気問題が顕在化する。加湿器で部屋の湿度を上げれば効果があるが，置き場所によっては上等な物品に霧が直接かかってだめにする心配がある。水の中にある石灰などが霧とともに飛んで，物品表面に白くつくこともある。洗濯物をつるすとか，雑巾がけをするとかも，湿度を上げるのに多少の効果はあるだろう。工場でも冬に静電気で困ると，床に水を撒くという話を聞いたことがある。

部屋の湿度を上げると夜間に結露するおそれがある。暖房を切ったあとの室内は温度が下がり，空気中の水分はそのまま残るので，相対湿度は上昇し，結露する。朝に窓のガラスやカーテンが濡れているのと同じことが起きるので，注意が必要である。

2.2　電子機器の誤動作や破壊を起こす静電気

次に，コンピュータなどの電子機器・素子の障害や事故につながる事例を述べる。マイクロエレクトロニクスの拡大につれて，こういったことが工場だけでなくオフィスや家庭でもふつうに起きるようになった。まず，いすなどのキャスターに関する例から見ていこう。

事例12　キャスターによる帯電

いすやワゴンなどが移動するとき，キャスターと床との間の接触・分離で電荷

が発生する.この結果,いすやワゴンが帯電する.帯電したツールワゴンがコンピュータなどのエレクトロニクス機器筐体に接触して,機器が誤動作することがある.このような場合,原因がワゴンの接触であることを気づく人はほとんどいないであろうから,対策は非常に困難である.しかし今日では,このような事故や誤動作が実際に起きることが認識されている.キャスターがプラスチックの場合は,**台車やワゴンなどは移動すると帯電する**ことを,読者は記憶されたい.

事例13 チェアとの摩擦による人体の帯電

オフィスや作業場で,いすに着座・離座することなどによって人体が帯電する.これについての東京都立工業技術センター(現 東京都立産業技術研究センター)による実験結果を紹介しよう[9].

実験は,**図2.4**のような方法で行われた.人は着座したまま,背当ておよび座面を摩擦したのち立ち上がり,人体とチェアの電位を測定する.

チェア,履物,床材の何通りもの組み合わせについて実験した結果を**表2.1**に

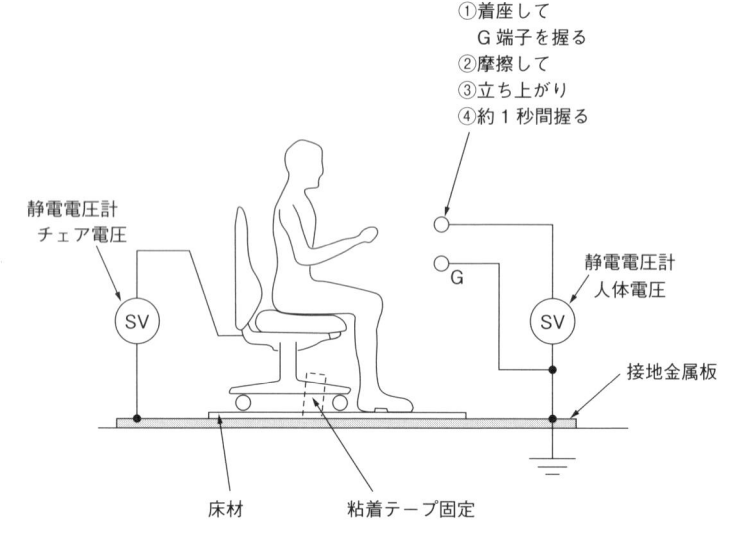

図2.4 チェア離座などによる人体の帯電実験

表2.1 チェアとの摩擦による人体帯電電圧

23℃, 38% RH

組み合わせ	チェア種別(背当,座面の表面布地材)	履物	床種別	測定電圧〔V〕		人体静電容量[pF](起立時)
				チェア帯電電圧	人体帯電電圧	
1	一般品(普通布地)	絶縁靴	Pタイル	600	1,900	95
2		〃	導電マット	450→0*	2,000	110
3		静電靴	Pタイル	750	550	185
4		〃	導電マット	500→0*	0	—
5	帯電防止対策品(導電性繊維入布地)	絶縁靴	Pタイル	115	310	上欄に同じ
6		〃	導電マット	190	470	
7		静電靴	Pタイル	60	60	
8		〃	導電マット	0	0	

注:*メータ指示後2~3秒で0になる。導電マット:ゴム系シート,着衣:ポリエステル麻65:35

示す。チェア,履物,床材に導電性材料を使用する効果が明瞭に見られる。帯電防止対策チェアは,チェア帯電電圧,人体帯電電圧ともに一般品チェアの場合よりも小さい。組み合わせ番号8は,チェア,履物,床材のすべてに静電気対策がしてあるので,帯電は生じない。履物と床だけが静電気防止対策されている組み合わせ番号4は,人体の電圧は0であるが,チェアは帯電する。組み合わせ番号7は,帯電電圧は低いのでこの実験からする限りは良好に見えるが,床が絶縁性なので,離座したあと人体が歩行に踏み出すと,人体の電位が上昇するはずである。

　これらの結果から,導電性材料を使用したチェア,履物,床材の効果があること,チェア,履物,床材のすべてについてこのような静電気対策品を使用すべきであることがわかる。静電気対策は,チェアであればキャスターやジョイント,靴ならば底に導電性材料を使用することである。静電気防止用の靴の底には,電気抵抗(リーク抵抗)が10^6~10^8Ωの拡散性領域の材料を用いる。床には,導電性のあるタイルを使用するほか,導電マットを敷く方法がある。

　帯電電位の大きさについては,以前は100V以下ならば重大な問題にはつなが

らないと考えられていたが，半導体電子機器の使用に伴って，低い電圧でも誤動作や事故の可能性が高くなった。現在のマイクロエレクトロニクス素子および機器では，5V未満の過電圧で破壊するものがある。過電圧は時間的に変化する波形であり，その瞬時値でマイクロエレクトロニクス素子は破壊する。すなわち，一度限りのきわめて短時間であっても，電圧最大値が5Vになると素子破壊の可能性がある。最近は，0.8Vで劣化する素子が使用されていると言われており，状況はいちだんと深刻になっている。

事例14　オフィスチェアで起きる静電気放電によるノイズ

いすは，人が着座・離座するので，静電発電機でもある。いすが帯電して，静電気放電を起こし，これが近くの電子機器へのノイズとなった例がある。

図2.5のいすは，座面高さ調節機構および着座時の衝撃緩和装置を備えている。着座・離座によって生じた電荷が，支柱の内側円筒の電位を上昇させる。支柱の最下部近くの外側円筒と内側円筒との間に小さなギャップがあって，ここで放電したのである（図2.6）。対策としては，外側円筒と内側円筒との間に取りつけら

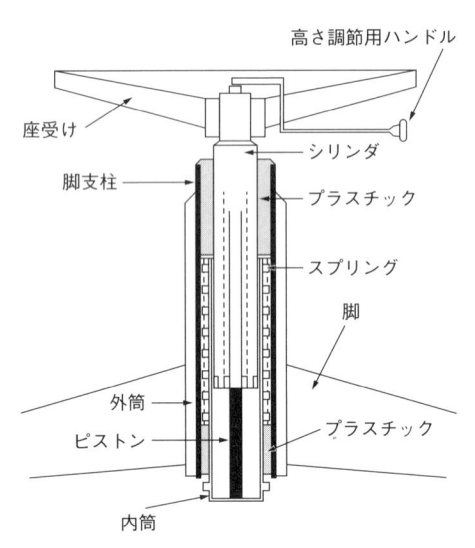

図2.5　ギャップで放電の起きるチェア支柱の内部構造

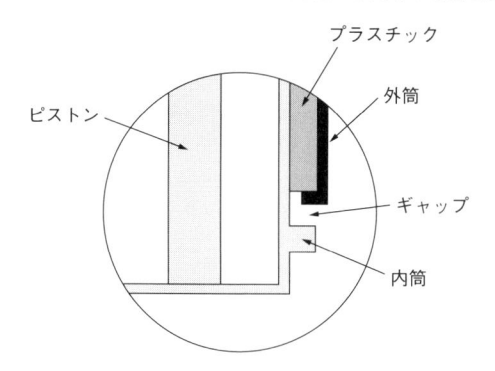

図2.6　チェア支柱内部の拡大図

れているプラスチック部品を導電性のものにして，外側円筒と内側円筒に電位差が生じないようにする。

　いすのキャスターやジョイントにはよくプラスチックが使われるが，これらを導電性のものにしておくことが望ましい．床の上を移動しただけでもいすは帯電するから，電荷が床に逃げやすくするために，2つの金属部分に電位差が生じないよう，導電性の部品で各部分を結んでおくのである[10]．

　帯電電荷による放電，すなわち**静電気放電は電磁ノイズ源となりやすい**．それは，静電気放電では放電電流の立ち上がり速度 di/dt が大きいからである．たとえ放電の電荷や電流が大きくなくても，電流の時間微分 di/dt が大きいと，大きい誘導ノイズを生じる．

　高電圧電源に接続した電極で起きる"ふつうの"放電（火花放電や沿面放電）よりも静電気放電の di/dt が大であるのは，電源から電極までのリード線のようなものが静電気放電では存在しないからであると考えられる．ふつうの放電では，集中電源があって，インダクタンスを持つリード線が電源と電極との間をつないでいる．これとは違って静電気放電の源である電荷は分布して存在しているので，静電気放電は高速である．"ふつうの放電は集中定数回路であるのに比較して，静電気放電は分布定数回路であるから速い"と表現すれば，電気技術者にはわかりやすいであろう．ふつうの放電の立ち上がり時間はおおよそ 10^{-7}s であるが，静

電気放電では短く，これの 1/10 以下である。静電気放電の立ち上がり時間は 40 ps であり，またそのスペクトルは数十 GHz まで伸びているとも言われる。静電気放電では di/dt が大きい例を，第 5 章で紹介する。

　回路にループがあると，これによる誘導電圧はループ面積と di/dt に比例する。この誘導電圧について次のような例がある。川に入って鮎を釣る場合，鮎竿は長さ 9 m もあり，導電性のカーボン繊維製のものが使われる。釣り糸はナイロンであるが，水に濡れて導電性になっているであろう。したがって，釣竿・釣糸・川の水から成るループの面積は，10 m^2 以上になる。実際に，鮎釣をしていたら 100 m ほど離れたところに落雷があり，ショックを感じたという話を聞いた。竿を高く立てていなかった人はショックを受けなかったという体験談である。

事例15　帯電した人がコンピュータにさわったり，キーボード操作をすると誤動作が起きる

　帯電した人が電子機器やコンピュータのキーボードやそれ以外の場所にさわると，電子機器やコンピュータの誤動作が起きることがある。この問題は相当に重視され，試験方法が標準化されて国際的取り決めにもなっている。自動車の制御装置の誤動作も同じ問題である。電子機器・素子が誤動作どころか劣化・破壊する事例もある。

　人がさわるのでなく，ツールワゴンが床の上を動いて帯電し，電子機器のフレームにぶつかって放電が起きるということも考えられる。このような障害や事故の場合，いつどこで起きた何が原因であるかを特定するのは困難である。**こういうことが起き得るという知識がまず重要**で，次に，**どこでいつ何が起きたかを探索**できれば問題は解明できる。

　自動車の座席に座った人は静電気発電機と同じであることを〈事例 9〉に述べた。こうして帯電した人が自動車の中でラジオとかダッシュボードの金属部分にふれて，放電することがある。人のショックはたいしたことはなくても，このときに起きる放電のノイズで自動車の制御用電子回路が誤動作するおそれがある。十数年前のことだが，AT 車の暴走があった。原因は静電気放電のノイズであっ

た可能性がある．自動車走行制御のエレクトロニクス化が進行しているので，将来もこのような問題が生じ得るであろう．

事例16 プラスチック・カバーをはがすだけで電子機器が壊れる

　家具や電気製品などを買ってくると，筐体にプラスチック・シートをぴったりとかぶせてあることがある．ひところ，ディスプレイやテレビなどで，このシートをはがしただけで壊れてしまうという事故があった．これは，剝離放電によるノイズが筐体内の電子回路に害をするためである．T社の製品は壊れにくいが，S社は壊れやすいとかいう話があった．それ以上に，電源ONでプラスチック・シートをはがすと壊れにくいが，OFFではがすと壊れやすいと言われ，これは"何か作業をするときには電源を切るように"という電気技術の基本プラクティスと逆なので，ふしぎであった．"静電気問題やノイズ問題はわかりにくい"と受け取られる一例である．

　このふしぎの謎ときをしておこう．プラスチック・カバーをはがしたときに，第5章で述べるような剝離放電が起き，放電電流の立ち上がり速度は相当に大きいので，電磁ノイズが過電圧として電子回路に現れる．この過電圧が侵入する箇所は，電子回路の信号入力部分であるとは限らず，過電圧は侵入したのちに電子回路を伝わって，最弱点である信号入力部分（CMOSゲートなど）に到達すると考えられる．電子回路の相当部分は，非動作（電源OFF）では絶縁性であり，異常電圧（過電圧）が入ってきた場合，もっとも弱い部分まで異常電圧が減衰せずに到達する確率は高い．したがって，**"電源OFFでは危ない"**になるのである．

　これを，次のように説明することもできる．電子回路は，動作状態（電源ON）では回路の多くの部分が電源電圧（5Vの電源ならば5V）にクランプされていて，これより高い電圧（5V以上）はクリップされる．大きな異常電圧が入ってきても5Vまでクリップされ，クリップする部分には無理がかかっても，もっとも弱い部分に大きな異常電圧がそのままかかる確率は低下する．非動作（電源OFF）では，このようなことはない．

　最近のIT機器の使用説明には，ケーブルやコネクタの接続を電源ONの状態

でするように書いてあるものがある。動作状態（電源 ON）の方が壊れにくいことが認識されるようになった。しかし，電気ストーブとかふつうの電気製品では，設置などの操作はすべて非動作状態（電源 OFF）で行うのが安全の原則であり，これを誤解して混乱が起きると大事に至る。安全のための基本と IT の場合との区別が重要であることを，強調しておこう。

事例17　ローラによる搬送に伴う帯電と放電

　紙やプラスチック・シートを取り扱う工場では，シートを搬送するのにローラを使い，シートを何回も高速で巻き取り・巻きほぐしする。このときに，帯電と放電が生じる。印刷機，ファクス機，オーディオやビデオのテープ録音・録画機でも同様である。オーディオやビデオのレコーダで，テープ走行中にちりちりと音がすることがあり，放電の発生がわかる。シートがローラから出ていくときは，前項と同じ剥離放電が起きる。シートがローラに入っていくときには，剥離放電に似た巻き込み放電が起きる。第 5 章で，これらの放電について筆者の実験研究を述べる。

　ローラ搬送系におけるこのような帯電と放電はいろいろな問題を起こす。剥離放電は電磁ノイズ源となるだけでなく，ラベル紙などの製品不良の原因となる。

　ルームランナーでも問題が生じ得る。ルームランナーの構造は，バン・デ・グラーフ発電機（ベルト式静電発電機）によく似ている。ベルトを導電性のゴムにするとかの対策が必要である。そうでないと，相当に大きい帯電と放電が生じ，人体にショックを与えたり，誘導ノイズのもとになったりする。

　プリンタやファクス機などには，シートではないが，プラスチック製の歯車が使われることがある。ことに家庭用の簡単なファクス機などにはナイロン製歯車が多い。歯車がかみ合わせで接触と分離をくりかえすから，プラスチック製歯車は容易に帯電する。歯車の軸も金属でなくプラスチックであることが多い。こういう場合に，放電が起きて電子回路の誤動作を招いた例がある。**歯車の材料を多少導電性のあるプラスチックにするとともに，軸は金属にして**，電荷が接地にリークしやすくすればよい。次項に述べるように，軸受が絶縁性にならないように

配慮が必要である.

事例18　ベアリングの改善による誤動作防止

いままで述べた例で，軸や歯車が導電性であっても，ベアリングが絶縁性であると問題は解消されない．ボールベアリングのグリースは，静止時に測定して抵抗値が低くても，高速回転時には高抵抗になる．導電性のあるグリースを使用し，高速回転時でも電気抵抗が拡散性領域にとどまるようにするのが有効である．ベアリングを導電性にできない場合には，接地バネ金具を取りつけて，回転軸に接触させるとよい．

事例19　プラスチック・チューブを通る金属球の放電——パチンコ台の誤動作

図2.7のように，アクリルの円筒に金属球を2つ入れ，球が落ちないように両側の口はふたをする．ふたが金属製ならば，中の球は1個でもよい．この円筒を持って動かすと，球どうしまたは球と金属のふたがさわった瞬間に小さな放電が起きる．円筒の中で球が転がると，円筒内壁との接触・分離で球が帯電する．これがもう1つの球や金属のふたにさわった瞬間に放電する．この放電が出すラジオノイズを検知して，放電の発生を検知できる．

パチンコ台では，玉はチューブの中を通って供給される．ここで起きる放電がゲームを制御している電子回路へのノイズ源となり，パチンコが誤動作する可能性がある．

プラスチックと金属がこすれて帯電から放電になり，ノイズによる電子装置の

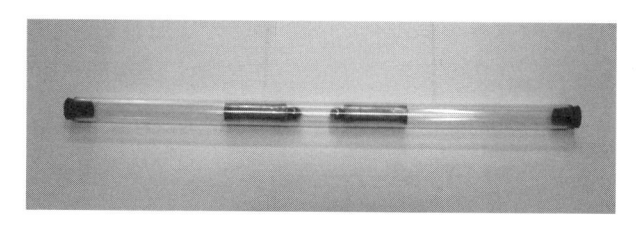

図2.7　プラスチック・チューブ中で金属球が衝突すると放電する実験装置

誤動作につながることは，さまざまな場合に生じ得る．自動車のダッシュボード中で工具やライター，ボールペンなどが帯電して放電し，自動車の制御装置が誤動作する可能性もある．

事例20　フリーアクセス・フロアで生じる静電気放電[11]

オフィスをインテリジェント化するために，床を二重構造にして電線やケーブル類を通すことが行われる．このような床を持つ場所で，人が歩行したりカートが移動するときに静電放電が起き，そのノイズでコンピュータが誤動作することがある．

図2.8はその状況，図2.9はフリーアクセス・フロアのユニットの構造である．このユニットは，500mm×500mmの金属パネルがペデスタル（脚）の上にのっていて，パネルとペデスタル間にはクッションとしてポリプロピレン製プレートが挿入されている．床の表面には，カーペットまたは塩化ビニル製タイルを敷いてある．

このような構成では，ペデスタルは一次床（コンクリート床）から絶縁された状態にあり，床の上を人やカートが動くと容易に帯電する．実測では，パネルの帯電電位は1.5kVにもなった．ペデスタル相互は絶縁されているので，パネルの電位は1枚ごとに異なる．カーペットの上を重量物が移動したときに，帯電したパネルと隣接パネル（未帯電）との接触が起きて，放電が生じ得る．

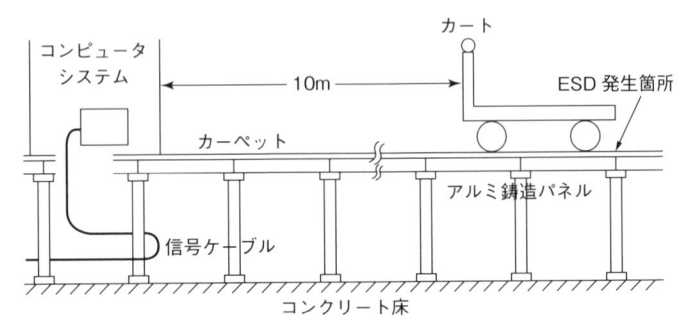

図2.8　フリーアクセス・フロアにおける静電放電とコンピュータの誤動作

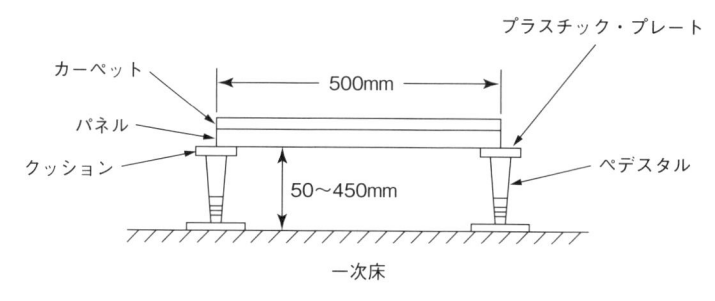

図2.9 フリーアクセス・フロアのユニット構造

実際に2枚のパネルを接触させる模擬実験では，フリーアクセス・フロア下に置いたEMIロケータが電磁ノイズを検出した。このとき起きる放電は，放電の立ち上がり時間が約1nsと高速であり，周波数スペクトルは3.6GHzまで伸びているので，EMC障害を起こしやすい。

このような状況における電子機器の誤動作を防止するには，パネルとペデスタル間のクッションに導電性プラスチックや導電性ゴムを使用して，隣接パネル間の導電を確保するのが良い。

この例のように，金属（導電性）物体がどこにも接続されていないで浮動電位になっていると，導体間に電位差が生じて，放電発生につながる。**浮動電位の金属物体の不用意な使用は避けるべきである。**

事例21 帯電した物体の近くにいる人体の電位上昇

帯電した物体の近くに人体があると，静電誘導によって人体の電位が電位上昇する。人体（人体でなく物体でも同じである）が絶縁されていて，他の帯電物体が近づくと，人体も電位が上昇する（1.6.4項参照）。

近づく帯電物体と電線で接続されていなくても電位が現れるのであるから，電気専門家でない人にはピンとこない現象であろう。絶縁性液体や，ポリ袋やスチレンなどの梱包作業などの現場で，このような静電誘導による電位上昇が生じ得る。

この静電誘導による電位上昇も帯電に似ていて，電子機器の誤動作や破壊ほか，

さまざまな障害や事故のもとになり得る。次の〈事例22〉の事例はそのひとつである。

事例22 帯電した人体や物体が動いただけで電子機器が誤動作する

　帯電した物体（人体でも同じ）が動いただけで，近くにある電子機器が誤動作する可能性がある。図 2.10 はその説明である。

　電子機器が金属筐体で完全に密閉されていない限り，機器近傍の帯電物体からの静電誘導で電子機器内の導体部分には電位が生じる。電子機器内の導体部分は複数箇所ある。導体部分2箇所の誘導電位は等しいはずはないから，両者間に電位差（電圧）が現れる。この電圧で，放電や電子素子の破壊や誤動作が起き得るであろう。とくに帯電物体が動けば（帯電物体と電子機器の相対運動があれば），静電誘導による導体部分2箇所の電位差が大きくなる瞬間が現れる確率は増す。このように電位差が現れる原理は，〈事例7〉で蛍光ランプの両端の電極に電位差

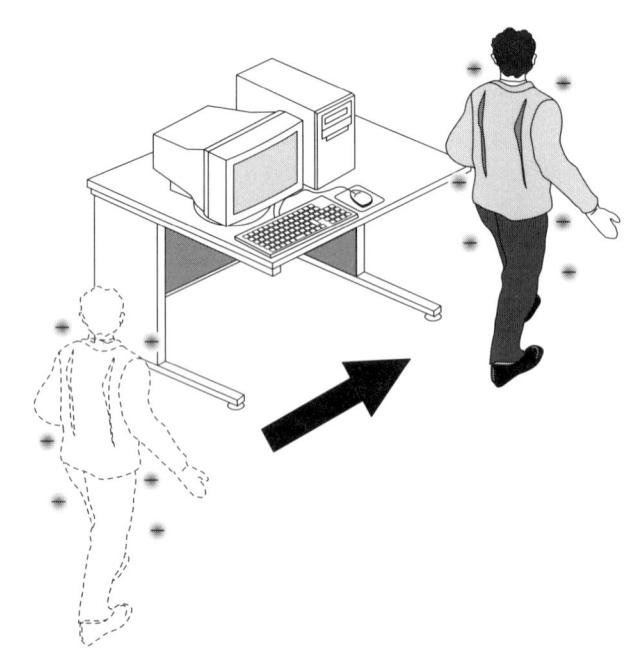

図 2.10　帯電物体（人体）が通過しただけで電子機器の誤動作が起き得る

が生じるのと同じである。

　このようにして障害が起きた事例がある。FMラジオ放送のディスクジョッキー番組で，オンエアしないおしゃべりをカットするためのスイッチボックスがスタジオ内のディスクジョッキーの手元にあったのだが，そのボックスの前で手を振ったところスイッチがオンになってしまい，内輪のおしゃべりが電波にのってしまったという。

　スイッチボックスの中には，メカニカルなスイッチでなく電子スイッチが入っていて，ボックスのパネルはプラスチック製であったようである。帯電したディスクジョッキーが手を振ったので，ボックス内の電子スイッチが誤動作したのであろう。この事例は音楽評論家であるディスクジョッキーから聞き取ったので細部はいまひとつ明確ではないが，2日にわたって数回同じことがあったというから，相当に確実であると思われる。

　コンピュータなどの電子機器の動作速度がますます速くなって，異常電圧に弱くなると，これらを倉庫などで保管したり，運搬したりする間に壊れる可能性が出てくる。これは将来，相当に問題になると思われる。たとえば，腰にぶら下げたカギ束のうちのどれか2枚のカギが静電誘導によって別な電位になったとすると，2枚のカギの間で放電が起きるであろう。このようなことがあり得るという知識がないと，障害や事故が発生したときにまったくのお手上げである。

事例23　前項のつづき——モデル実験

　帯電した人体や物体が動いただけで電子機器が誤動作するということを前項で説明した。その簡単なモデル実験をここで述べよう。

　まず，図2.11のような静電誘導板を用意する。これは，電子機器内の2つの導体部分を模擬したものである。全長200〜300mm，幅30mm程度のアクリル板の片面に，粘着剤つきアルミテープを貼りつけ，中央で×形に切って，アルミテープに切り欠けを設ける。切り欠けの角度は鋭角（90°以下）であるようにする。これで，数十μm程度のギャップを隔てた対称なアルミテープ静電誘導板ができる。帯電した人体や物体が動いたときにこのギャップで放電すれば，300V〜数kV程

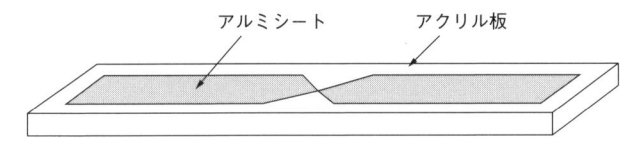

図2.11　静電誘導板（対称型）

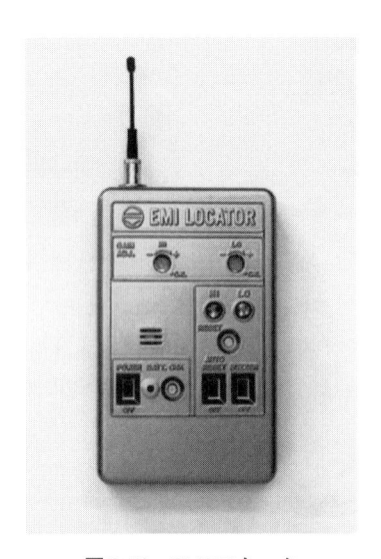

図2.12　EMIロケータ

度の電圧が2つの導体部分の間に現れることが実証される。放電で起きたかどうかは，放電により生じる電磁ノイズ（ラジオノイズ）を検知すればわかる。

　放電をラジオノイズで検知する道具として，**図2.12**のようなEMIロケータが市販されている。これは，放電したときに生じる電磁波ノイズを検出して，ピーという警報音を発する装置である。本章や第5章，第6章に出てくる静電気放電の発生も，EMIロケータで検知できる。ラジオ受信機のようなものであるから，手持ちのAMラジオを使うこともできるであろう。図2.12のEMIロケータは，タバコのケース程度の大きさでありワイシャツのポケットに楽に入るので，放電による着火・爆発を心配する工場内に持ち込んで，放電の有無を検知するのにも

2.2 電子機器の誤動作や破壊を起こす静電気　45

　　　　　　↓静電誘導板　　　　　↓　　　　　　　　↓
　　　　　　　　ポリエチレン板

(a) 静電誘導板の中央を　　(b) 静電誘導板の中央を　　(c) 静電誘導板の端を持
　　持って帯電したポリ　　　　持って帯電したポリ　　　　って帯電したポリ
　　エチレン板の中央に　　　　エチレン板の片半分　　　　エチレン板の中央に近
　　近づける　　　　　　　　　に近づける　　　　　　　　づける

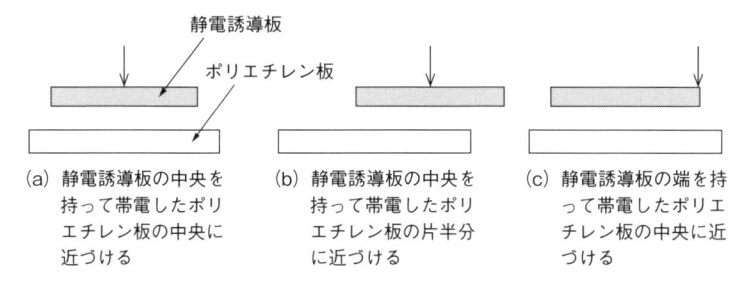

　　　　　図 2.13　静電誘導板（対称型）で放電するかどうかの実験

便利である。

　実験は，ポリエチレンなどの絶縁板（A5 程度以上の大きさがあればよい）を机の上に置いて，上面を乾布などでまんべんなくこすって帯電させる。**図 2.13** に示すように，何通りもの試行をする。

(a) 静電誘導板のアクリルの中央を持って（アルミテープにさわらない），ポリエチレン板の中央の上方から近づける。近くに置いた EMI ロケータは，警報を発しないはずである。

(b) 静電誘導板のアクリルの中央を(a)と同じく持って，ポリエチレン板の中央でないところの上方から近づける。EMI ロケータは，警報を発するはずである。

(c) 静電誘導板のアクリルの中央でないところを持って，ポリエチレン板の中央の上方から近づける。EMI ロケータは，警報を発するはずである。

　ここで，EMI ロケータが警報を発するかどうか，つまりギャップで放電が起きるかどうかは，帯電したポリエチレン板と静電誘導板との空間的・電気的関係が対称であるかどうかによる。(a)は対称であり，アルミテープの 2 つのセクタに誘起される誘導電位は等しいので，ギャップに電圧は現れず，放電は起きない。(b)では非対称なので，電圧が生じて放電する。(c)では，手の指に近い方と遠い方とでアルミテープの 2 つのセクタの対地静電容量が異なるので，誘導電位も異なり，放電が生じる。さらに，

(d) 静電誘導板をポリエチレン板の近くで動かしてみる。EMI ロケータは，警

報を発するはずである。

この(d)の場合，アルミテープの2つのセクタに誘起される誘導電位が等しくない瞬間が必ず生じる．そのときに放電するわけである．こうして，帯電物体と静電気誘導を受ける電子機器が相対運動をすると，300V以上の電圧が誘起されることが推定される．

以上は静電誘導板の2つのアルミセクタが対称形である場合だが，片方のセクタの面積を大きくするなどして非対称形にすれば，(a)でもEMIロケータは警報を発するはずである．

事例24　人工衛星における大きな静電気放電

人工衛星のシリコン太陽電池には熱輻射による劣化を避けるため，メタルバックした薄いプラスチック・シートを保護層としてかぶせてある．宇宙空間で荷電粒子のシャワーを浴びて，このプラスチック・シート表面が帯電する．この帯電表面のうち，太陽光があたった部分には光電子放射が起きるので，電荷を失う．そうすると，プラスチック・シート表面の日向部分と日陰部分との間に数十kVもの電位差が現れ，放電が起きる．**図2.14**は，その説明である．この放電により帯電した表面の電荷全部が一瞬にして中和されるから，放電のエネルギーも速度も非常に大きい．人工衛星の通信・制御用電子回路がこの放電によるノイズで壊れるのは，ふしぎなことではない．

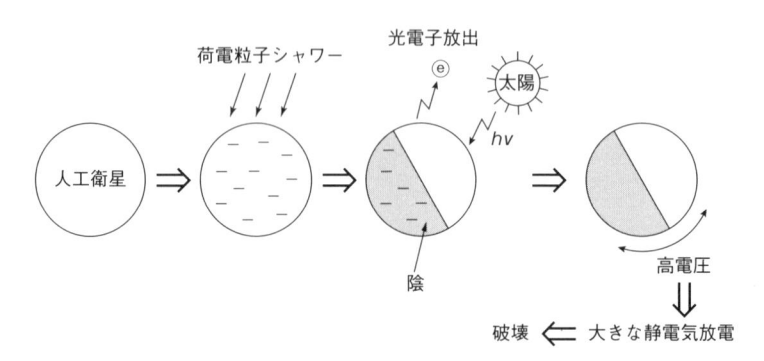

図2.14　人工衛星の太陽電池表面における大きな静電気放電

1970年代に人工衛星の事故が相次いで，事故原因がわからなかったが，のちにこの放電が問題にされるようになった。メタルバックのある薄い絶縁シート上に電荷が蓄積すると長大な沿面放電が起きることは，放電学の常識である。もし放電の専門家が人工衛星の事故の事実を知らされたら事故の原因はすぐに推定できたはずだが，人工衛星の開発チームには放電や静電気の専門家はいなかったらしい。宇宙開発は米国の軍事機密であり，巨額の費用をかけた人工衛星がこの種の事故で多数だめになったということが学会誌に報じられたのは，何年も経ってからであった。

帯電電荷が一気に放電する例をもうひとつ紹介しておこう。口絵2の木の根のような図形は，アクリル平板に電子線を照射したあとに針を差し込んでできた模様である。電子はアクリル板の一定の深さで入り込んでそこにたまるので，接地した針を差し込むと，たまっていた電子が全部この針に向かって流れる。ここでも，帯電電荷の全部が一気に流れる。帯電面積が広大ならば放電が巨大になるわけである。

この種の静電気放電については，第5章で"近づけ放電"として扱う。

2.3　製品不良を起こす静電気，製造工程で不都合となる静電気

本節では，工場などで問題になる製品不良や動作不良に関係する静電気の例を述べよう。

事例25　半導体素子などの製造や取り扱いにおける静電気による破壊

半導体素子の製造や取り扱いにおいて，静電気は大問題である。これらの作業場では，プラスチックがこすれる場面が非常に多く，雰囲気の相対湿度は低い。そこで，作業机には送風式除電器から風で電荷を吹きつけ，作業者の衣服に注意し，作業靴やデスク面には導電性を賦与した材料を使い，作業者には接地リスト・ストラップをつけさせて体を接地するなどの方策をとり，帯電が問題にならないよ

うにしている。

図 2.15 は，リスト・ストラップの例である。IC などの半導体素子を購入すると，導電性のポリ袋に入ってきたり，黒色のプラスチックフォームに刺してあったりする。これは，IC 運搬中にそのピン間に過電圧がかからないようにしているのである。

半導体製造工程にはさまざまな静電気問題があるが，ここでは捺印工程における破壊の例を紹介しよう[10]。IC パッケージの上面に**図 2.16** のようにして捺印する。インキがついた刻印ローラから転写ローラに文字インキを移し，これを金属

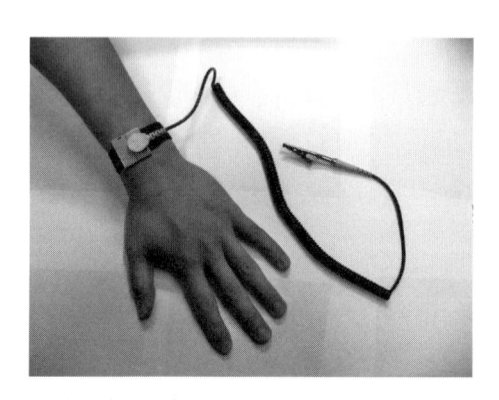

図 2.15 作業者の帯電電荷を接地へ逃がすためのリスト・ストラップ

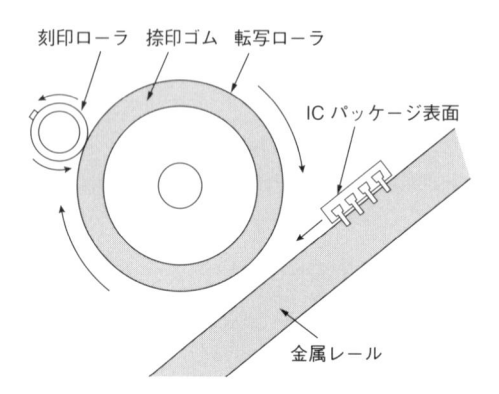

図 2.16 IC パッケージへの捺印工程

レール上を滑ってきたICパッケージに捺印する。ICパッケージが転写ローラに入って出てくると接触・剥離が起き，〈事例16〉，〈事例17〉や5.3節で説明しているような巻き込み放電と剥離放電が生じ得る。帯電したICは，ピンを通じて金属レールへ放電すると不良品になる。この問題への対策としてモールド・パッケージの上面を梨地（微小な突起を持つ面）にしたところ，これが鏡面である場合に比較して，パッケージの帯電電圧も，不良発生率も激減した。梨地にすることによって転写ローラとの実効接触面積が減少したのが，改善につながったと考えられる。

　図2.16の工程では，モールド・パッケージが金属レールを滑るようになっており，これも静電気発生につながる。半導体の搬送過程には，このような危険がたくさんある。

　電子機器の組立工程が自動化されて，電子デバイスが摩擦される機会が増加した。この結果，電子部品が帯電すると，工程の作業不全になったり，半導体素子の破壊が起きたりする。これについて，次のような例がある。

　形の小さい電子部品をプラスチック製バルクカセットに入れて搬送・供給するとき，バルクカセットの内面が電子部品との摩擦により帯電し，電子部品がバルクカセットの内面に付着して供給不良になることがある。この場合も，カセット内面をエンボス加工して凹凸のある面にすると，改善効果がある[10]。

事例26　静電気放電による製品の不良

　写真フィルムのスタチックマークは生フィルムを傷物にするので，かつては相当に問題にされた。カメラなどの中で写真フィルムがこすれると，帯電して静電気放電が起き，その跡が感光して鳥の足のような模様ができる。これをスタチックマークという。スタチックマークはリヒテンベルク写真図形のひとつである。フィルムが傷物であったことは現像してはじめてわかるから，撮影がむだになってしまう。撮影はたいていは二度とくりかえせないから，取り返しがつかない。このスタチックマークは，フィルムを高速でコマ送りする映画で問題になった。その後，医療のX線検査で大きなシート・フィルムを使うときにも，これが現れた。

ラベル紙の製造工程で，シートをローラで搬送するときに帯電と放電が起き，放電した面には粘着剤塗布が不均一になったり，ラベルが台紙からははがれにくくなったりすることがある。放電が面をはうと，機械的変化や化学変化が起きると考えられる。この変化が原因でラベル紙などの不良が生じると推定される。プラスチック・シートのプリンタビリティ（印刷インクののりやすさ）を改善するにはシートに放電をあてて改質するから，ラベル紙の材料が静電気放電で変質してもふしぎではない。

プリンタやファクス機の外面に，鳥の足のような模様が見えることがある。複写機給紙トレーまわりにもある。これは，プラスチックの表面が帯電して，静電気放電が起きた跡にほこりがついてできるものである。指でこすると取れてしまうが，注意して見ると，クリアファイルなどのプラスチック製品にもよくあり，黒色のゴミ袋だと目立つ。

図2.17は，デスクトップ型パソコンを立てて使うためのプラスチック製スタンドの下面にできた図形の例である。樹枝状の図形があり，スタンド面が負に帯電していたことを示している。これらからも，プラスチックが広く使われている現代社会において，静電気と静電気放電がいたるところにあることがわかる。

ポリバス（風呂桶）の表面にほこりの模様がついていることがある。FRP（強

図2.17　パソコンのスタンド（プラスチック製）にできた静電気放電の図形

化プラスチック）でつくるポリバスを型からはがすときに静電気放電が起きて，その跡にほこりがつく．拭けばこの模様は取れるが，時間が経つとまたほこりがついて模様ができるから，少々厄介である．これらは製品の不良とは言えないが，買い手からは嫌われるであろう．こういった図形はリヒテンベルク粉図形と呼ばれ，帯電極性によって模様が異なる．第5章でもその例を示す．

事例27　印刷インキのお化け

　静電気による製品の不良の例をもうひとつ述べよう．図 2.18 は，喫茶店のウェットティッシュの入っていたポリ袋である．印刷の線の外側に，小さなキノコのような突起がある．これは，静電気によって印刷インキが飛び出してできた"お化け"である．ウェットティッシュならばこのような粗っぽい印刷でもかまわないが，高度の出来を求められる印刷の場合にはこれが問題となる．米国で牛乳の紙パックの印刷にこの"お化け"が盛大にあったのには驚いた．牛乳パックの印刷などは，安ければ何でも良いというお国柄であろうか．

　フレキソ印刷（段ボールなどの印刷で，スクリーン印刷の一種）でも，インキの帯電が問題を起こす．水分含有量の多いインキや，導電性のスクリーンやスキージが使えれば相当の改善が予想されるが，実際にはこれらの採用には制約があ

図 2.18　包装プラスチック印刷のお化け

る。

事例28　紙を裁断するときの帯電と放電

　紙を重ねて裁断機にかけてから移動するような場合，圧力をかけたあとに分離が起きるから，帯電する。この帯電で作業員がショックを受けることがある。はずみで機械に指をはさんだりすると，事故になる。

　メタルバックしたシートを重ねて裁断する場合には，問題が生じる可能性が高い。メタルバックしたシートは平行板コンデンサのようなものであるから，多量の電荷をためることができる。メタルバックしたシートが帯電したものにさわると，相当なショックを受けるであろう。これが放電するときには，メタルバックの金属箔の全面積にためられた電荷が一気に放電する（感じとしては，平たいお盆に水を入れておくと，ちょっと傾いただけでたくさんこぼれだすようなものである）。それゆえ，放電は〈事例1〉〜〈事例4〉の場合よりもずっとエネルギーが大きく，近くの電子機器にノイズが侵入して誤動作や破壊に至る危険がある。これについては5.5節を参照されたい。

事例29　アクリル製パネルを持つ電流計の誤指示

　人がプラスチック製パネルを持つ電流計に近づいたり，さわったりすると，電流計の指針が静電気の力で吸着されて，指示が正しくなくなることがある。

　実際に，医療装置操作中にこのような誤指示があった。原因は，人体の帯電とパネルの帯電であった。対策としては，透明導電塗料を電流計パネルの内面に塗布すればよい[10]。

2.4　着火・爆発のもととなる静電気

事例30　静電気放電による可燃性ガス，液体，粉体の着火・爆発

　工場などで静電気放電が生じると，可燃性ガス，液体，粉体の着火・爆発を引

き起こすことがある。可燃性のものがあるときには，とくに注意が必要である。

　ガソリンスタンドで，給油する前に設置したゴム片にさわって人体を除電するのは，事故予防策のひとつである。油性インキを使う印刷工場では，〈事例17〉の放電が火災につながる可能性がある。ラベル紙製造の糊塗工機では，有機溶剤を使うことが多いので，この放電に起因する着火事故防止に配慮しなければならない。

　石油系液体のタンクの内面塗装が帯電して，これに接地物体（チェーンや測定器具）がさわると，塗面全体に広がる強大な放電が起きる。これは〈事例24〉と同様の放電であって，着火・爆発のもととなる。筆者は，これを"近づけ放電"（approaching discharge）と名づけて研究した。そこで得られた知見を5.4節に述べる。

　可燃性ガスが空気と混合して，この中で火花放電が起きた場合，着火・爆発に至る目安として，放電の"最小着火エネルギー"がある。最小着火エネルギーの定義と測定は十分に確定しているとは言えないが，**表2.2**に例を示しておこう[9]。揮発性の有機溶剤を使う場合には注意が必要である。

　液体だけでなく粉体も，輸送などの取り扱い中に容易に帯電する。工業のみならず農業で小さく裁断した材料や，ペレットや粉を取り扱うことがある。粉炭，セメント，穀物，茶葉，飼料など，その例は非常に多い。お茶の葉を製造するときに電子レンジ中で乾燥するが，このとき茶葉が帯電して静電気放電から発火する可能性がある。山芋の粉の製造工程でも，静電気が問題となったことがある。サイロなどの大きな容器にこれらを落とし込むときなどに，帯電は起きやすい。粉塵の最小着火エネルギーは可燃性ガスに比べて大きいが，粉体の除電は困難であるので，用心が必要である。粉体が $100\text{g/mm}^3 \sim 1\text{kg/mm}^3$ 程度あると，もっとも燃えやすいと言われている。

事例31　絶縁性液体を取り扱うときの帯電

　液体が容器やパイプにふれて動くと，電荷が発生する。これを流動帯電という。油をフィルタに通すときには，強い流動帯電が起きる。石油系の燃料や溶剤は，絶

表 2.2　最小着火エネルギーと爆発限界

物質名	化学式	爆発限界 vol.%		最小着火エネルギー〔mJ〕
		下限	上限	
水素	H_2	4.0	75.6	0.019
アセチレン	$HC \equiv CH$	1.5	82	0.019
エチレン	$CH_2 = CH_2$	2.7	36.0	0.096
メタノール	CH_3OH	5.5	44	0.14
アクリロニトリル	$CH_2 = CHCN$	2.8	28	0.16
ベンゼン	C_6H_6	1.2	8.0	0.20
ヘキサン	$CH_3(CH)_4CH_3$	1.1	7.5	0.24
ブタン	C_4H_{10}	1.5	8.5	0.25
エタン	CH_3CH_3	3.0	15.5	0.25
プロパン	$CH_3CH_2CH_3$	2.1	9.5	0.25
メタン	CH_4	5.0	15.0	0.28
アセトアルデヒド	CH_3CHO	4.0	60	0.376
酢酸エチル	$CH_3CO_2C_2H_5$	2.0	11.5	0.46
アセトン	CH_3COCH_3	2.1	13.0	1.15
トルエン	$C_6H_5CH_3$	1.2	7.1	2.5

縁性が高い（リークが小さい）ので，帯電が問題になりやすい。静電気の立場からは石油系液体を動かすこと自体が"悪"であるが，実際にはこれを避けることはできない。リークが小さいから，取り扱いすべての速度を落とせばよいわけだが，実際にはそうもいかない。

石油系液体の静電気問題の詳細は別の文献に譲るとして，ここでは注意点をいくつか書いておこう。これだけでも頭に入れておけば，事故の危険性はずっと少なくなるであろう。

ⅰ) これらの液体をタンクやバケツにバシャバシャ入れたり，入れたままゆすったりするのは，いちばん良くないことである。タンクを満たすときには，上から液を落とすのでなく，ホースの口やノズルをタンクの底近くに置くべきである。

ⅱ) タンク内の液面に接地物体を下ろすのは，帯電面に接地物体を近づけるこ

とであるから，強大な放電を起こすことになる。液面測定などのための器具はたいてい金属製で細いから，放電が生じる条件はそろっている。これは，非常に危険であり，避けるべきである。

ⅲ）さび止めにタンク内面を塗装する場合，通常の塗料は絶縁性なので，接地金属物体を薄い絶縁層で覆うことになる。これは大量の電荷をためるコンデンサと同じであるので，長大な沿面放電が起きる絶好の条件になる。それゆえ，タンク塗料は多少の導電性がある方が良い。塗装したタンク内面を石油系液体でスプレー洗浄するようなことがあるとすれば，静電気の立場からすると，帯電，放電，着火・爆発を求めるようなものである。

事例32　ガソリンスタンドで人体を除電する

ガソリンスタンドで人体を除電するために，黒いゴムのベロにさわる。黒いゴムには炭素系の粒子が練り込んであり，適度な導電性を持たせ，しかも人にショックを与えることのないように帯電電荷が接地に逃げるときの電流のピーク値を抑えるために使用する。

ガソリンスタンドの床は，オイルとともにごみがついて汚れているから，相当の導電性があるように思われるが，コンクリートを打ってから時間がたって水分が抜けると，絶縁性が高くなる。ガソリンスタンドのコンクリートの上を人が歩くうちに，人体の帯電電荷が接地へリークすることは期待できない。そこで，わざわざ人体除電用のベロにさわるのである。

事例33　電力用変圧器の流動帯電による破壊

電力用変圧器のうち油絶縁を採用するものは，放熱を良くするために油を循環させる。変圧器内で，油が流れて絶縁支持物のプレスボードにふれ，プレスボードが帯電することがある。これによりプレスボード上に沿面放電が生じ，その結果，変圧器の絶縁破壊につながる。1970年代からかなり長期にわたって問題となった現象である。

事例34　消火器が原因となる再着火

　消火器でガスの炎を消したあと，消火器のノズルをガスの口金に近づけると，火花が飛んでガスが再点火することがある。消火器から消化剤が噴出すると，消化剤は帯電し，消火器ノズル（接地からは絶縁してあるとする）とボンベは消化剤と逆極性に帯電する。図 2.19 は，その説明である。このノズルをガスの口金に近づけると，ノズル-口金間に放電が起き，その火花でガスが点火するのである。これは，デモンストレーションとしても印象の強い実験である。この消火器ノズルの帯電は，〈事例10〉で述べた霧吹き器の帯電と同じ現象である。実際に，消火器ではないが，ボンベからLPGを噴出させたときに着火したと見られる事故例がある。

　これと同じ原理で，消火器ノズルを手で持っていると，消化剤が噴出するときに感電するおそれがある。電気の歴史上で，蒸気機関車の汽笛を操作していた機関手がショックを受けて機関車から転落したというエピソードがある。この原理に基づく水蒸気噴出方式のアームストロング静電発電機も考案された。この発電機はちょうど蒸気機関車のボイラーのようなおもしろい形をしている。

　以上を読んだ読者は，一見ふしぎに見えることもある静電気現象がじつは簡単な原理に支配されていることを理解するであろう。そして，静電気問題の多くは，

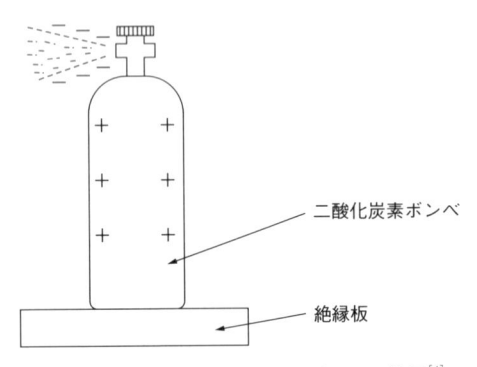

図 2.19　消化剤の噴出によるボンベの帯電[4]

ちょっとした注意や処理によって防止できることにも気づくであろう。

2.5 静電気の利用

静電気は害をする場合が多い。しかし，静電気が役に立つこともある。その例をいくつか述べる。とくに複写機については，身近にあり，静電気をさまざまに利用しているので，ややくわしく説明する。

事例35 複写機に利用されている静電気

電子複写（コピー，電子写真，静電写真とも呼ぶ）の原理[12]を図 **2.20** に示す。複写機の前面を開けて見るとわかるように，複写機には直径数十 mm のドラム（円筒）があり，これを中心にコピーのプロセスが進行する。

まず，ドラム表面を帯電させる（**1 帯電**）。帯電させるには，高電圧を印加したローラか，コロトロン（断面がコの字の接地金属缶の中にコロナ・ワイヤを張って，高電圧を印加したもの）を使う。

ドラムの円筒面には光導電性の層があり，暗黒であると絶縁性で，光があたると導電性になる。ランプとレンズを使って原稿の白黒パターンの光学像をドラム面につくる（**2 露光**）と，原稿の白に対応する部分はドラム面が導電性であるから電荷がリークしてしまう。こうして，原稿の白黒に対応する電荷パターンがドラム面に形成される。光導電膜には，以前はセレンを用いたが，今日では有機材料を使っている。

この円筒面に有色粉を振りかけると，粉のパターンができる。これが現像である。粉は直径 $6\mu m$ 程度の細かいトナーであり，円筒面の帯電がリークしないで残っている部分だけにつく。円筒の帯電と反対極性の電荷を前もってトナーに与えておき，トナーが円筒につきやすいようにする（**3 現像**）。

トナーは，電気力線に沿って移動してドラム面に付着するので，原稿の黒と白の境界（輪郭）の黒側につきやすく，黒ベタの内側にはつきにくい。昔のコピー

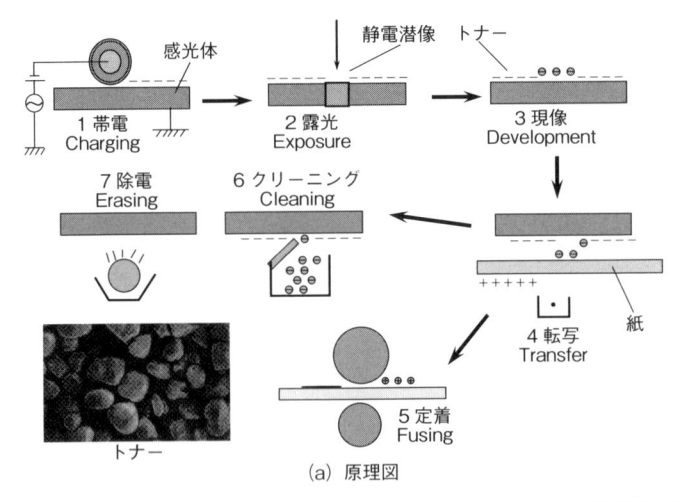

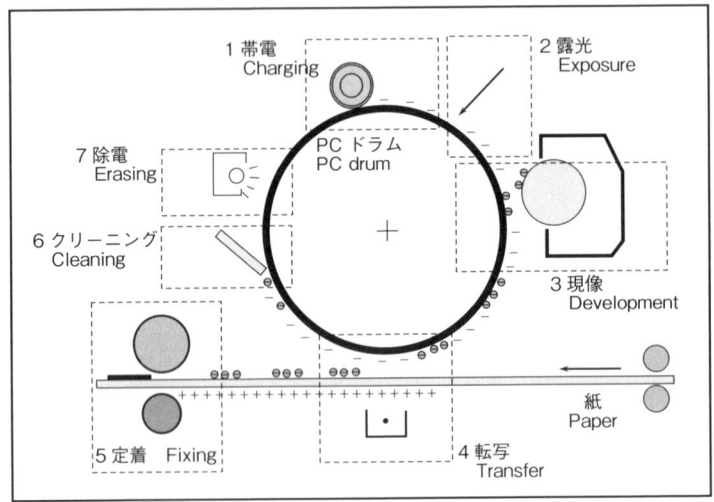

58　第2章　帯電と放電の事例——静電気はいたるところにある

(a) 原理図

(b) コピー機内の動作

図 2.20　電子複写のしくみ

で黒ベタが抜けていたのは，この効果である．**図 2.21** はその説明で，ドラムを展開して平板で示している．ドラムの上方にドラムの帯電と反対の極性の電極を置いてやると，ドラム面に垂直に入る電気力線ができ，黒ベタの中央部にもトナー

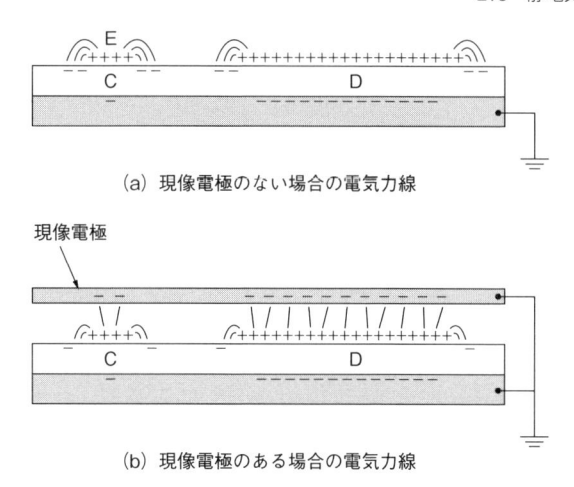

(a) 現像電極のない場合の電気力線

(b) 現像電極のある場合の電気力線

図2.21　コピーの黒ベタの中抜けを防ぐ方法[13]

がつくようになる。

　次に，トナーのついた円筒面に紙をあてて，トナーのパターンを紙に写す（**4 転写**）。このとき，紙の背面にトナー帯電と逆極性の電荷を与えて，転写を起きやすくする。この電荷発生用に，コロトロンを使う。

　図には示してないが，ドラムに巻きついた紙をはがすのに，紙の外側から電荷を与えて反発力を生じさせることが行われる。

　こうしてパターンがのった紙が出てくるのであるが，そのままではこすったときに取れてしまうので，140～180℃程度に加熱して融着させる（**5 定着**）。トナーの材料は顔料と樹脂であるので，高温で融着する。複写機から出てきたコピー紙が熱いのは，この加熱定着の結果である。複写機の電源スイッチを入れても始動に時間がかかるのは，このヒータがすぐには高温にならないからである。

　円筒の方は，くりかえし使うために，残った余分なトナーをブラシをあてて除去し（**6 クリーニング**），さらに光をあてて **7 除電**を行う。

　これら，1～4，7の工程のいずれも静電気のプロセスが使われている。カラーコピーも，基本は白黒コピーと同じである。コピー機は"静電気のかたまり"のようなものである。複写機における静電気の使われ方をよく考えてみると，静電

気の理解がさらに進むであろう。カラーコピーのしくみなどに興味のある読者は，文献を見られたい[12, 13]。

事例36　電気集塵機，空気清浄機

軽い物体は電位の高い場所に引き寄せられる。これを利用すれば，ほこりやごみを集められる。さらに，ほこりやごみに電荷を与えれば（帯電させてやれば），反対極性の高電圧電極の方へ動く。これを利用したのが，電気集塵機[14]である。コロナ放電が起きているチューブに煙を通すと，きれいな空気流が出てくる。電気集塵機は工場の排煙装置などに広く使われている。電気集塵機を家庭用に作ったものが空気清浄機である。

事例37　静電植毛

人工じゅうたんやぬいぐるみの材料を製造するのに，静電植毛がもっぱら使われる[15]。静電植毛は，表面加工および表面仕上げのひとつとして，非常に広い範囲の製品に応用されている。ビロード風の表面に仕上がるので，インテリアや自動車内装に使われるほか，光学器械の筒の内面反射防止，防音部材にも利用される。**表2.3**に，静電植毛加工の応用・用途例を示す。

静電植毛の方法を，**図2.22**(a) に示す。接着剤をのせた基材を接地板に置いて，上方の網電極に直流高電圧を印加し，毛となる短い繊維（パイルとかフロックという）を撒布する。電界の中で細い物体に作用する力は端部でいちばん強いので，一端はじゅうたん面（接着剤の膜）につき，他端はパイルが垂直に立つ形になる。これをダウン法と呼ぶ。

パイルは電気力線に添うように植毛されるので，図2.22(b) のように，下にあるパイルを引き寄せるアップ法植毛もある。接地電極と高電圧電極を垂直において，両者の間にパイルを落とすサイド法もある。

パイルの材料はふつう，レーヨン，ナイロン，ポリエステルなどであり，繊維をカットして一定の長さにする。パイルをコロナ放電で帯電させる場合もある。パイル端部に作用する力を生じさせる（"静電誘導による帯電"と呼ぶこともある）

表 2.3 静電植毛加工の応用・用途例

物性	部門	繊維・雑貨・紙・印刷 玩具・模型	電気機器・精密機器	機械器具・部品 自動車	環境技術・土木建築・水産・美術・工芸・インテリア
熱的性質	断熱・防熱・保温	壁紙・模紙、スリッパ、履物、カーテン	火傷防止と装飾用暖冷房機器部品、ストーブガード、パネルヒータ外装、エアコンルーバ、焙煎器、サウナ用品か、足温器	小型エンジンカバー、ヒータ内装、車内装飾	壁材・カーペット、発泡ウレタン植毛、植毛毛布
光学的性質	反射防止・遮光	暗箱用内貼紙、湿度表示ラベル(変色)	カメラボディ内面、ボックス、裏ぶたテレンズ、バトローネ遮光、レンズ支鏡筒内面	自動車サンバイザ	暗室壁紙
音響的性質	吸音・遮音・制振	オルゴールボックス、電話器カバー、電話器マット	マイクロホンド内壁、マイクロホンスタンド、スピーカフレーム、ピックアップアームガイド	各種機類外装、カバーのびびり止め	壁材・天井材、カーペット、ピアノ除振装置敷床、防音床材、フリーアクセスフロア部品
力学的性質	摩擦力・弾力性・刷毛力	洋服ハンガー、玄関マット、サンダル、草履、ジッパ、鼻緒、ペイント刷毛	マウスパッド、フロッピディスク、コピー機用部品、トナーローラ刷毛、器経縁・保護ケース、レコードクリーナ	レンズ類のヘリコイド潤動部、ハンドルカバー類のスリップ防止、ペイント用ローラ、バーナーツィーダ	いす浚い、人工芝、ネクタイ掛け、(熱収縮)ケーブルロス、カーペット、ペイント刷毛
気体液体漆物性	通気性・保水・水切り・吸着・濾過	靴クリームキャップ、ニール手袋内面、ペイント刷毛	空調用機器部品、ルーバー、結露水滴防止処理	自動車用ドビャンネル、エアーウインドウフィルタ	擁壁コンクリート保護水抜きパイプ、窓建具用チャンネル、ドアモール、壁装材、漁礁利用汚水処理フィルタ
装飾的性質	質感・触感・美術表現	人形植毛、宝石箱、文具類植毛、Tシャツ、タイル、リビングクッション、暖簾、バッグ・カバー	電気用装飾コード、家電品装飾カバー	ダッシュボード、ティッシュボックス、インボックス、サンバイザー	景観保護(コンクリート擁壁植毛)、各種置物
服飾性	被服・風合・感触	ベルベット調、帽子・コート・バッグなどの調、バックスキン調、毛皮調ジャケット	機械類外装カバー	自動車屋根植毛、クッションカバーの装飾植毛	衣服の文字表現、衣服の図柄表現、レースカーテン装飾

(a) ダウン法植毛

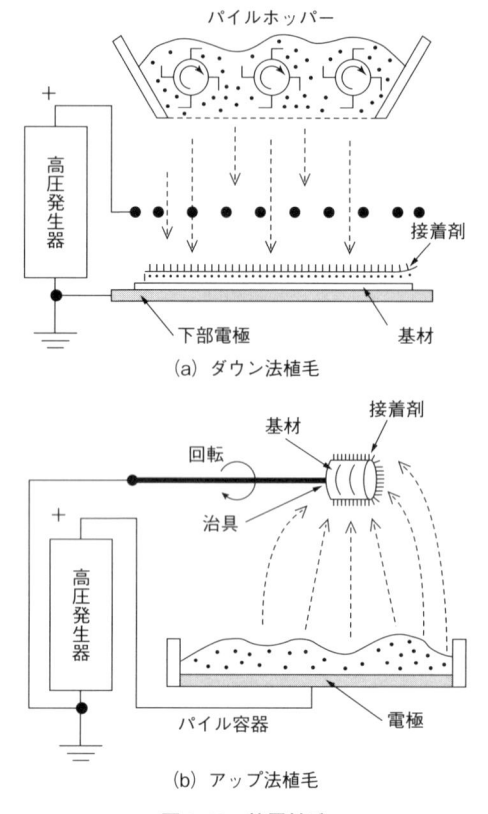

(b) アップ法植毛

図 2.22　静電植毛

には，またコロナ放電で帯電させるには，パイルには手頃な導電性が必要である。そこで，繊維をカットして染色してから，薬品処理して電気抵抗を調節している。

　パイルを空気流で吹き出し，ノズル部で帯電させるガンタイプのものもある。ガンタイプほか可搬型の静電植毛機は，土木・建築などの現場で使いやすいように構成されており，塗装機と同じように取り扱いが可能になれば，用途がさらに広がるであろう。

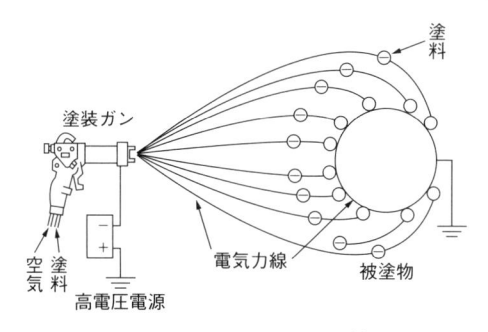

図 2.23 静電塗装の原理[2]

事例38　静電塗装

塗料粒子を帯電させて塗装される物体に吹き付けると，図 2.23 のように，塗料粒子はほぼ電気力線に従って移動するので，効率よく塗装できる。この方法では，ムラなくむだなく塗装でき，しかも塗料粒子は物体の裏側まで回り込んで付着する。複雑な形状のものや，曲面や，金網のようなものにも塗装できる。自動車のボディの塗装は，静電塗装が利用される例である。

使用する塗料には，液体と粉体がある。粉体静電塗装は有機溶剤を使わないので好まれる。

事例39　静電選別

静電気の力で物体の選別をすることができる。鉄などの磁性体金属とそれ以外の物を分別するのに磁気が利用されるが，その静電気版のような方法である。

図 2.24 はその一例で，混在している絶縁物と金属を導電性の有無によって選別する。実際には，プラスチックや金属を砕いて小片にして処理する。コロナ電極から供給されるイオンで小片は帯電する。帯電した金属片は回転ドラムに接触して電荷を失い，ドラムから離れるような力（1.6.2 項で説明したような，電界の強い方すなわち高圧電極へ向く力）を受けるが，プラスチック片は電荷を保持するのでドラムについたままになり，図のように選別が行われる。

静電選別にはいろいろな方法があり，微粉炭と鉱物，小麦ともみなどの選別に

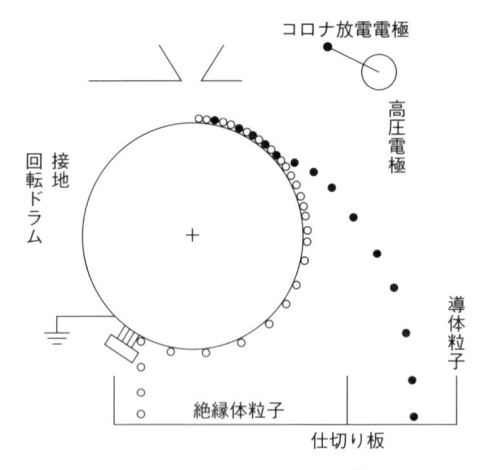

図 2.24　静電選別法の例[3]

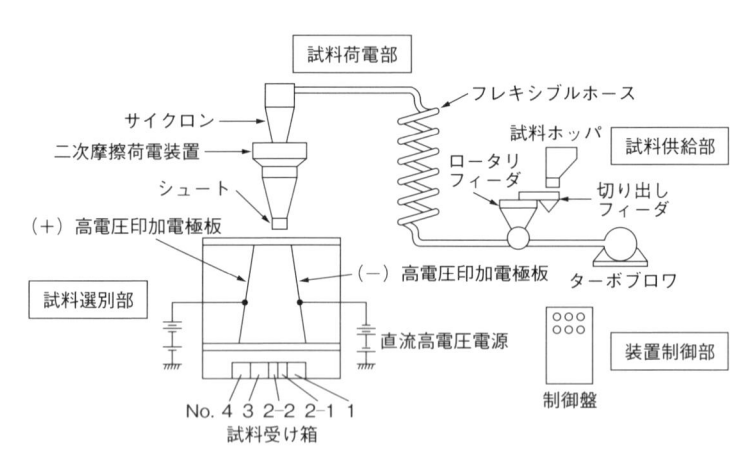

図 2.25　PET 片と PVC 片の静電選別実験装置

使われる。粒子の大きを選別する目的で使われることもあるため，静電分級と呼ばれることもある。

　近年は，廃棄物処理などへの利用の拡大が期待されている。PET（ポリエチレンテレフタレート）ボトルを再生処理するのに混入 PVC（ポリ塩化ビニル）を選

別する実験例を紹介しておこう[16]。

　PVC が残っていると，再生品の強度や色などの品質が低下するだけでなく，再生品製造中に PCV が過熱され，発錆性の強い塩素ガスが発生して装置金属部を腐食する。選別装置の構成を**図 2.25** に示す。試料は PET と PVC を小片にしたフレークで，これをフレキシブルホースおよび二次摩擦荷電装置に通す。PET は正，PVC は負に帯電する。帯電した混合フレークを高電圧を印加した電極板の間に落下させると，PET と PVC は別々の受け箱に回収されるようになっている。

事例40　バン・デ・グラーフ発電機

　静電発電機の一種に，**図 2.26** のようなバン・デ・グラーフ発電機がある。下部で発生させた電荷を絶縁ベルトにのせて上部まで運び，高電圧端子（球）に移す。20 世紀前半に核分裂の実験において直流高電圧電源が必要となり，バン・デ・グラーフ発電機もこの目的で使用された。実用機は高さ数 m の大きな機械であるが，教材用の卓上形バン・デ・グラーフ発電機（**図 2.27**）でも 250kV 程度を発生できる。これは，日本の送電線の最高電圧の 1/2 に匹敵する高い電圧である。静電

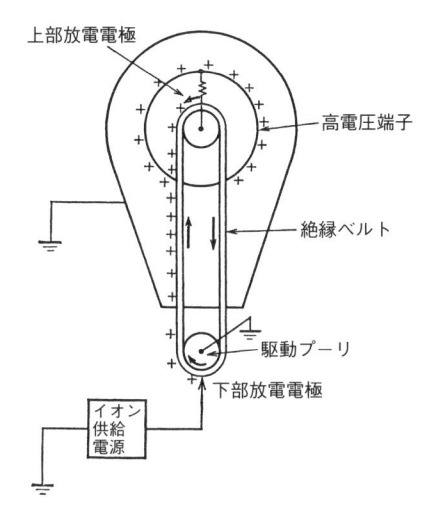

図 2.26　バン・デ・グラーフ発電機の原理[2]

図 2.27 バン・デ・グラーフ発電機の例

　発電機としては，他のタイプのものと違って，100μA 以上の相当大きな電流を供給することができる。
　電荷運搬ベルトを液体に置き換えた形の液体静電発電機も考案され，使用されている。

第3章

除電の方法

68　第3章　除電の方法

　静電気による障害や事故は静電気の発生を抑えれば避けられるが，これは実際には困難であるため，発生した電荷を除去する"除電"が行われる。固体の内部や，液体，堆積した粉体などを除電するのは困難であるけれども，固体表面のような面を除電することはできる。除電は，帯電電荷と逆極性の電荷を帯電部分に運び，電荷を中和して行う。逆極性の電荷を発生させるのに放射性同位元素を用いる方法もあるが，本書ではコロナ放電による方法を述べる。

　除電器や除電バーは広く使われており，とくにプラスチック・シートなどを扱っている工場では，非常に多数の除電器が設置されている。ユーザーにとっても，除電器や除電バーを有効に投資効率よく使用するために，除電の基礎知識は有用である。

3.1　コロナ放電

　まず，尖った針や細い線で生じるコロナ放電について述べる。コロナ放電は，イオン発生器として除電用だけでなくさまざまな静電気応用に使われているので，ややくわしく説明しておこう。

　図 3.1 は，直流電圧を印加した場合のコロナ放電の電流-電圧特性の例である。電極はコロトロンで，直径 $60\mu m$ のタングステン線が張ってある。外側の接地缶電極の断面はコの字形で，その内寸の長辺は 22mm，短辺は 15mm で，長辺の1つが開口部であり，線は開口から 5mm 奥にある。本書で測定結果を示すコロトロンの缶の形状は，すべてこれと同じである。

　電圧 V をゼロから上げていきある電圧になると，尖った針や細い線から接地電極へと電流 I が流れ始める。この電圧をコロナ開始電圧 V_i と名づける。さらに電圧を上げると電流は増大する。電流 I と電圧 V との関係は，ほぼ次式で表される。A は電極の大きさ（針先端の曲率，線の径）や対向電極への距離などで決まる係数である。

$$I = A(V - V_i)V$$

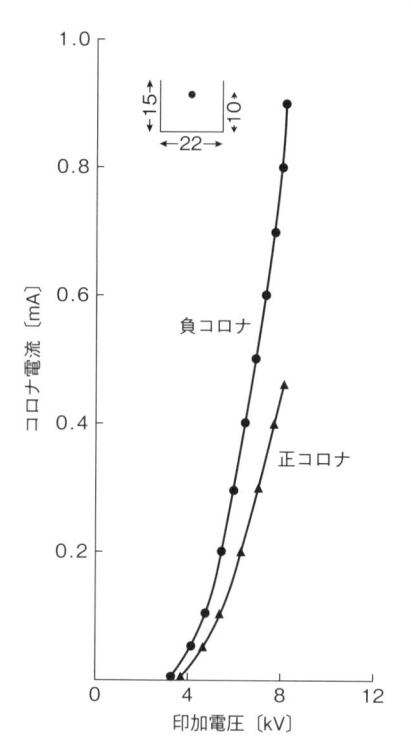

図3.1 コロナ放電の電流–電圧特性の例 200mm 長のコロトロン電極で，コロナ・ワイヤは直径 60μm。

要するに，コロナ電流 I は電圧 V の二次関数であり，ある電圧 V_i まではゼロでは立ち上がらないということである。図3.1は，有効長さが200mmの線の場合であり，電流は1mA以下である。線でなく針であれば，電流はずっと小さい。

ここで，尖った針や細い線に負の電圧をかける場合（負コロナ）と正の電圧をかける場合（正コロナ）との極性による違いに注目してほしい。コロナ開始電圧 V_i は負コロナの方が小さい。同じ電圧で比較すると，電流 I は負コロナの方が大きい。つまり，電荷供給能力は負コロナの方が優れている。コロナ放電を利用するのには高電圧電源が必要で，これは，大きさ，重量があり，高価であって，しかも安全に注意する必要がある。高電圧電源を切り詰められるという意味では，負コロナの方が好ましい。正と負のどちらのコロナを使うにしても，大気中であ

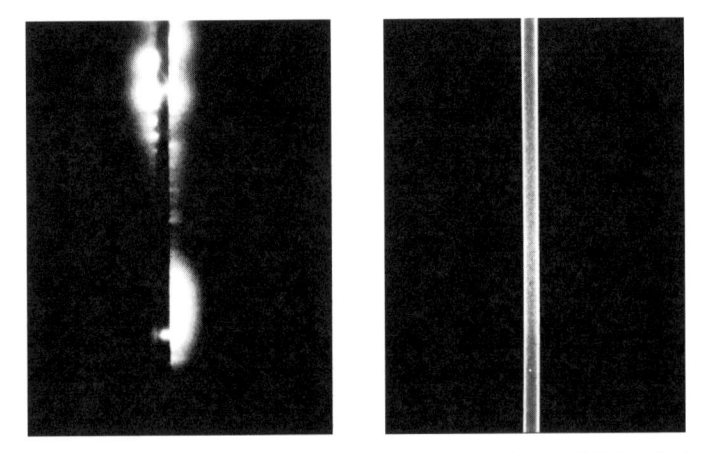

図3.2 負（左），正（右）コロナ・ワイヤ（直径1mm）上の放電光の比較

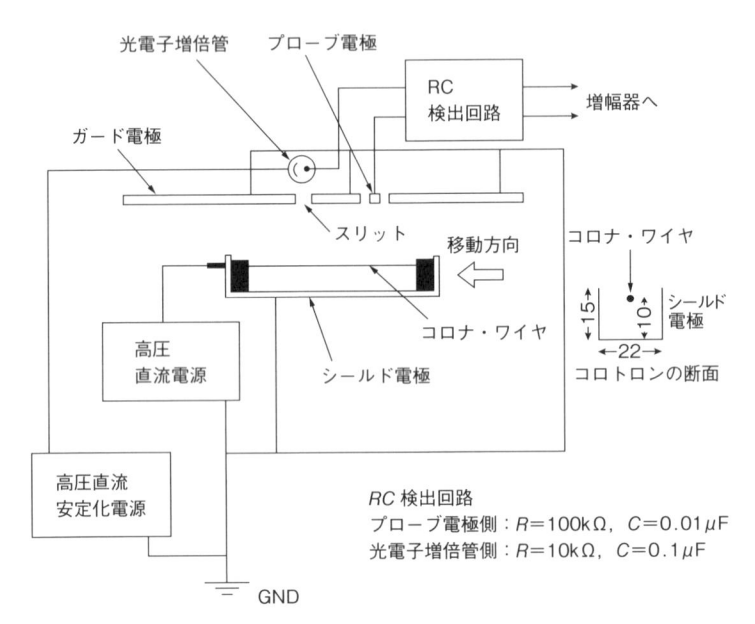

図3.3 コロナ・ワイヤの電流と光の分布の測定装置

RC 検出回路
プローブ電極側：$R=100\mathrm{k}\Omega$, $C=0.01\mu\mathrm{F}$
光電子増倍管側：$R=10\mathrm{k}\Omega$, $C=0.1\mu\mathrm{F}$

る限り（減圧すると V_i は低下する）数kVの高電圧電源が必要である。正コロナは電圧を上げると火花放電になりやすいのに対し，負コロナは電圧の広い範囲で

3.1 コロナ放電　71

安定である。ふつうは，コロトロンに V_i の2倍程度の電圧を印加して使う。

しかし，負コロナには難点もある。そのひとつは，線電極上のコロナは均一でなく，局所的であることである。正コロナは，均一性が優れている。**図 3.2** のコロナ放電光の写真から，これが明らかである。コロナ・ワイヤの光と電流分布を**図 3.3** の装置で測定すると，**図 3.4** のような結果が得られ，極性によるコロナ放

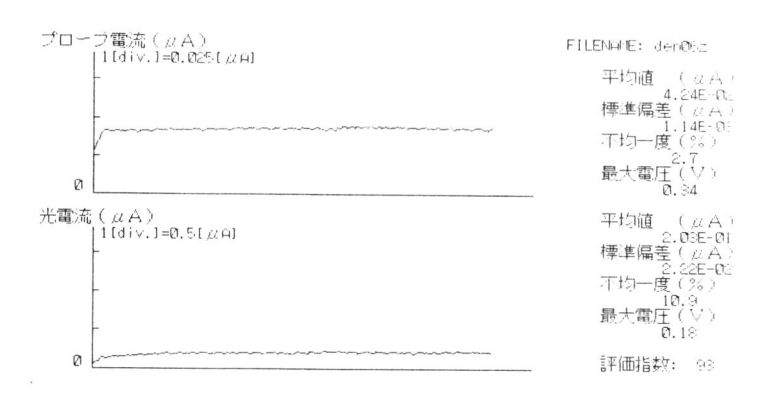

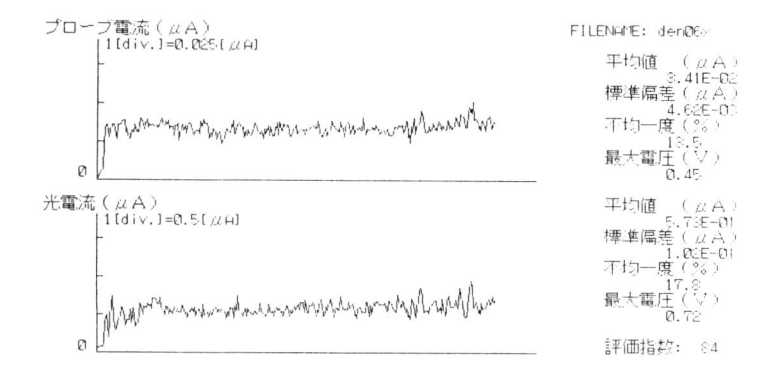

図 3.4　コロナ・ワイヤの電流と光の分布。正コロナ（上）と負コロナ（下）との比較。コロトロン形状は図 3.1 と同じ。コロナ・ワイヤは直径 60μm。

電の分布の均一性の違いがわかる。ここでは，直径 $50\mu m$ のタングステン線を用い，外側缶電極の開口部と電流測定プローブ面との距離は 5mm である。実際に除電器やコロトロンを使う場合，除電される面あるいは電荷を与えられる面と負コロナ線との距離を 10mm 程度離せば，不均一性は相当に低減される。

コロナ放電はオゾン発生を伴う。負コロナは正コロナよりもオゾン発生が多いので，これも難点である。

以上に見たように，コロトロン用には正コロナと負コロナは一長一短であって，場合に応じて使い分けることになる。

3.2 能動除電

コロナ放電電極に高電圧電源を接続し，発生する電荷で除電することを能動除電という。後述のように，高電圧電源を使わない場合を受動除電と呼ぶ。

電荷発生用につくったコロナ放電電極をコロトロンと呼ぶ。**図 3.5** は複写機用のコロトロンで，断面がコの字形の金属缶の中に細いタングステン線を張ってある。線でコロナ放電が起きて電荷が生じ，この電荷は接地した金属缶へ流れるだけでなく，コの字の開口から流出するので，開口部の外側近くに物体を置くと，これに電荷が到達する。図のコロトロンのコロナ電流-電圧特性は，図 3.1（69 頁）に示してある。コロナ開始電圧 V_i は $3\sim 4$kV であり，6kV 程度の直流電源と組み

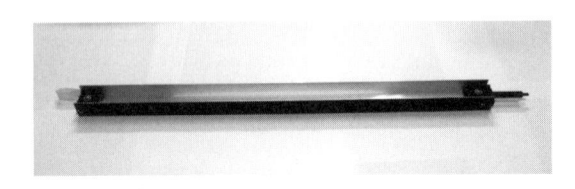

図 3.5 コロトロンの例
複写機用で，断面がコの字形の缶の中に，コロナ・ワイヤが張ってある。8kV 程度の電圧を印加するので，端子（写真右側）の沿面絶縁距離は約 40mm を確保してある。

3.2 能動除電

合わせて使う。

能動除電では，図3.1のような電流－電圧曲線上の任意の電圧を選ぶことができるから，供給する電荷の極性も量も自由に設定できる。除電対象物体が移動するような場合（プラスチック・シートをローラで搬送するなど）でも，電荷供給量を多くして対応できる。極性に関しては，除電対象物の帯電とは反対の極性の直流電圧をコロナ電極に印加する。正電荷と負電荷の両方を供給し，しかもその比（イオンバランス）を変えられる機種もある。帯電の状態に応じて電荷供給を自動制御することもでき，そのようなシステムも商品化されている。

コロナ電極に交流を印加することもある。商用交流（50Hzか60Hz）では，前項で述べたような正コロナと負コロナが半サイクルごとにくりかえされる。このような交流除電器では，正電荷と負電荷の両方を供給できる。コロナ放電で生じた正電荷は対象物の負帯電部分に，負電荷は正帯電部分に引き寄せられて，それぞれ帯電を中和する。

能動除電では高電圧電源を使うので，もしコロナ放電でなく火花放電が起きると，電源から相当のエネルギーが注入され，場合によっては着火・爆発のもととなる。交流高電圧を印加する除電器であれば，漏洩変圧器を使うとか，変圧器と除電電極との間にコンデンサを入れるとかの方法により，注入エネルギーを制限できる。交流除電器でも，供給する正負電荷のバランスを考慮した製品もある。

除電すべき物体の面には，実際には電荷が均一に分布しているのではなく，いわば濃淡があり，正帯電と負帯電の箇所が両方ある場合が多い。正帯電部分と負帯電部分がある場合は，交流除電器が有効であると考えられる。

能動除電では，帯電電荷と逆極性の電荷を供給して中和するにとどまらず，逆極性に帯電させてしまうことがある。プラスチック・シートを除電するとき，シートの裏側に接地金属板などがあるとこれが起きやすく，注意が必要である。接地導体を覆っているプラスチック・シートに対して直流除電器を使うと，除電というよりも，除電器の極性の電荷をシートに与える帯電装置となることを，読者は記憶されたい。

除電電極の設置場所は，除電効果からすれば除電対象物のなるべく近くにする

図 3.6　送風式除電器の例

図 3.7　送風式除電電極の例

のが望ましい．しかし，10mm 程度まで近づけるのは実際には困難な場合がある．そこで，空気流で電荷を送る送風式除電器がある．

　コロナ放電ではイオンが移動するので，イオンが空気にぶつかり空気流を生じる．これをコロナ風と呼ぶ．コロナ風の流速は，数 m/s 程度である．

　送風式除電器では，コロナ風よりも強い風でイオンを送る．例を**図 3.6**と**図 3.7**に示しておく．図 3.6 は，ファンの風にのって電荷が飛んでくる（イオン風が飛んでくる）ようになっていて，この風を除電対象物にあてる．図 3.7 では，チューブでイオンの風を除電対象物近くまで送る．この例では，幅の広いシート状の対象物をローラで搬送しながら除電するために，イオンの風の吹き出しを対象物の幅と同じ長さの棒に分布させている．除電器にはこのほかいろいろな種類や形状のものがあり，対象物などによって選んで使う．

3.3 帯電物体の帯電電荷と帯電電位

能動除電の次に受動除電を述べる順序であるが，その前に帯電物体の帯電電荷と帯電電位について説明しておく必要がある。

図 3.8 のように，接地板の上に絶縁板があって，その上面が帯電しているものとする。帯電電荷が単位面積あたり q であるとする。絶縁板上面の対地静電容量が単位面積あたり c であると，絶縁板上面の帯電電位 v は，$q = cv$ 則から，

$$v = q/c$$

である。ここで，c は絶縁板（比誘電率 ε_r，厚さ t）をはさんだ平行板コンデンサを想定して，

$$c = \varepsilon_0 \cdot \varepsilon_r / t$$

である。ε_0 は真空の誘電率である。

実際に帯電電位を測定するときには，図 3.8(a)のように測定器を上方から近づける。測定器のヘッドや筐体は接地物体と同じことであるから，これによる対地静電容量の増加分に応じて電位測定器直下の絶縁板の電位は低下する。この意味

(a) 接地金属板上で電位測定をする

(b) ギャップを設けて，電位を測定する

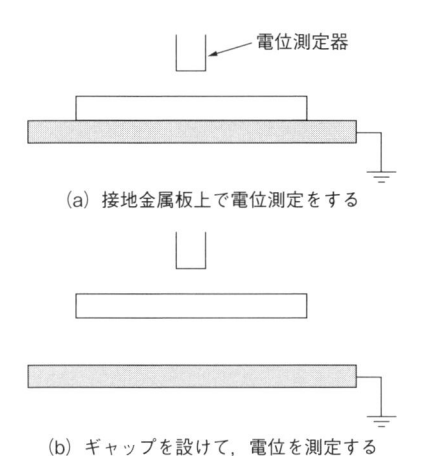

図 3.8 帯電電位の測定
被測定物の対地静電容量で $q = cv$ 則により電位は変わる。

では電位測定器は測定対象物から距離を置く方が良いのだが，測定感度などからすれば近づけた方が良い．市販の電位測定器では，この距離が指定されていたり，所定の距離の位置になると音を発して合図するようになっていたりする．

帯電電荷は，絶縁板上に均一に分布しているとは限らない．この分布をくわしく調べるには，電位測定器のセンサを小型化して，対象物の直近に置く必要がある．分布を測定する分解能は，だいたいのところ，センサ-対象物間の距離に等しい．たとえば，この距離が 10mm であれば，10mm よりもずっと細かい模様の測定はできない．

さて，図 3.8(b) のように，帯電した絶縁板を持ち上げたらどうなるであろうか．電荷がリークして逃げたりはしないと仮定する．絶縁板上面の対地静電容量（単位面積あたり）c' は，空気ギャップの静電容量（単位面積あたり）c_d が c に直列に入るので，

$$c' = 1/(1/c + 1/c_d)$$

となって低下する．空気ギャップが d であるとすると，

$$c_d = \varepsilon_0 / d$$

である．このときの絶縁板上面の帯電電位 v' は，

$$v' = q/c' = q(1/c + 1/c_d) = q/c + q/c_d = q/c(1 + c/c_d)$$

となり，c/c_d 倍だけ増加する．つまり，絶縁板を持ち上げると，帯電電位は上昇する．上昇分の倍率 c/c_d は持ち上げた距離 d に比例するから，たとえば厚さ 1mm 以下の薄い絶縁シートを帯電させて数 mm も持ち上げたりはがしたりすると，急激に電位が上昇する．

読者は，**帯電物体を接地物から遠ざけると電位が上昇する**ことを記憶されたい．逆に，帯電した物体があったとして，これが**接地物に近づく（対地静電容量が増加する）と電位は低下する**．実際に，プラスチックの下敷きをこすって帯電させ，机（接地物とみなすことができる）からの距離を変えて電位を測定すると，これがよくわかる．**受動除電では，帯電物体を接地物から遠ざけて孤立させる**ことが肝要であることを後述する．

電位の上昇はエネルギー増加を意味する．帯電物体を接地板から持ち上げたり

はがしたりするときには力学的仕事をするので、エネルギー増加になるのである。帯電したシート が（クーロン力で）接地板にへばりついてはがれにくいというのは、よく経験することである。

3.4　受動除電と除電バー

　受動除電では、高電圧電源を使わずに、除電する対象物に"除電バー"を近づけて置く。除電バーは、**図3.9**のように塗装用の刷毛の幅を広くしたような（数百mm）形状をしている。除電バーを自己放電式除電器と呼ぶこともある。

　除電バーの毛には細い金属線やカーボン繊維を使用し、接地して使う。帯電した物体は、接地に対して相当に高い電位になる。プラスチックの下敷をこすっただけでも数kV〜数十kVになることを第2章で述べた。数kV〜数十kVの電圧がコロナ放電を発生させるのに十分であることは、図3.1（69頁）の電圧と比較してもわかる。帯電した物体に接地した除電バーを近づけると、この電位により除電バーの毛の先からコロナ放電が起きる。帯電物体の極性が正ならば、接地除電バーは帯電物体に対して相対的に負であるから、除電バーのコロナ放電は負コロナである。同様に、負に帯電した物体の近くに置いた除電バーからは正コロナが起きる。つまり、物体の帯電を中和する極性のコロナ放電が起きるのである。このように、除電バーは正に帯電した物体でも負に帯電した物体でも除電できる

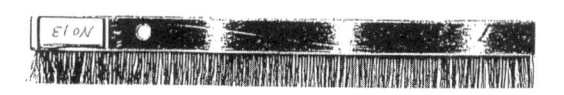

図3.9　除電バーの例

から，便利な存在である。

除電バー自体は高電圧電源を持たず除電対象物の電位を利用するので，これによる除電方法を受動除電と呼ぶ。除電バーは安価であり，設置は簡単で，高価かつ安全への配慮の必要な高電圧電源を使用しない。しかし，除電バーが有効であるためには条件がある。以下，これを述べよう。

3.4.1 除電バーが有効であるための条件

図 3.10 は，除電バーの動作範囲の電流-電圧特性の説明である。除電バーのコロナ放電は，帯電物体の電位付近で始まると考えてよい（正確には，除電バー自体も接地物体であるから，これを帯電物体に近づけた分だけ帯電面の対地静電容量が増大して，帯電電位は低下する）。このときの電荷供給能力は，図 3.10 の太線の I の値である。帯電物体の電位は対地静電容量で変化するから，**除電対象物をなるべく接地物体から遠ざけて（近接物体のない孤立した状態で），対地静電容量小・帯電電位大にして除電バーを設置するのが良い**。

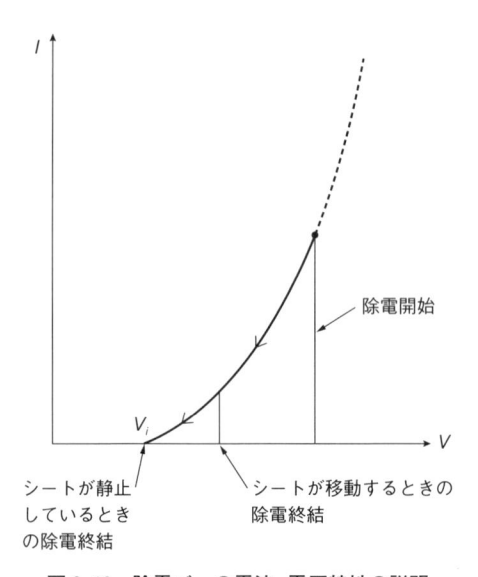

図 3.10 除電バーの電流-電圧特性の説明

除電が進行するにつれて，帯電物体の電位は低下し，電荷供給も図3.10のI-V曲線に沿って変化する．帯電電位がコロナ開始電圧V_iまで低下すると，除電バーからのコロナ放電は停止し，除電も停止する．つまり，**除電バーではコロナ開始電圧以下の電位の除電はできない．**

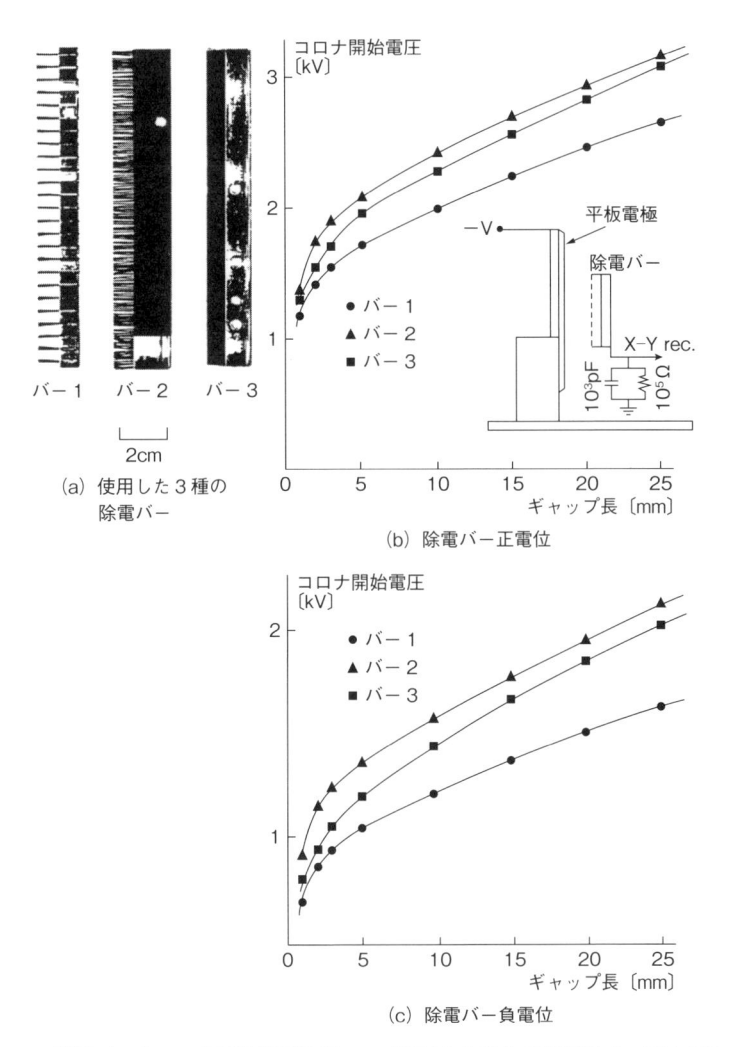

(a) 使用した3種の除電バー

(b) 除電バー正電位

(c) 除電バー負電位

図3.11 除電バーのコロナ開始電圧のギャップ長による変化の実測例 バー長は150 mm。

図 3.11 は，数種類の除電バーからのコロナ開始電圧を実測した結果である。除電バーが負である（除電対象物が正である）方が，極性がこれと逆である場合よりもコロナ開始電圧は低い。すなわち除電バーは，**正に帯電した物体を除電する方が，負に帯電した物体を除電するよりも，有効にはたらく**（他の条件が同じであれば）。除電対象物と除電バーとの距離が小さい方が，コロナ開始電圧 V_i は低い。しかし，この距離を 5mm 以下にしても，V_i は 1kV 前後である。したがって，**除電バーでは約 1kV 以下の除電はできない**。除電バーで除電しても，約 1kV の電位が残るのである。

以上述べた除電バーの動作範囲は，除電対象物と除電バーの運動がない場合である。プラスチック・シートをローラで搬送するときなどの場合，帯電物体（プラスチック・シート）が相当の高速で動く。コロナ放電で生じた電荷は電気力線に沿って動いて帯電面に到達する（その所要時間は電界強度とイオンの移動度で決まる）のであるが，帯電物体が高速で移動していると除電が間に合わない。こういう場合は，除電は図の V_i 以前で停止してしまう。このとき，除電したつもりでも V_i よりも高い電位が残るのである。

3.4.2　除電バーの問題点

除電バーにはコロナ開始電圧 V_i が低いことが望まれる。そのため，除電バーの毛の先が鋭く尖った針状になるようにワイヤにはつとめて細い線を使い，その毛の先端の電界が非常に高くなるようにする。市販の除電バーには，直径約 20μm のカーボン繊維を多数あわせて 0.3mm 程度の太さにして使用している例がある。しかし，いくら細い毛を使っても，毛が多数密集していると，毛先の電界は低下する。葉が尖った針葉樹であっても，樹のシルエット（包絡線）は滑らかな線になってしまうのと同じである。

図 3.12 は，市販の除電バーを接地金属（平板）と対向させたときに起きるコロナ放電光を，超高感度カメラ（イメージインテンシファイヤを前置したカメラ）で記録した結果である。ワイヤの材質は放電特性に事実上影響しないが，図の例ではステンレスまたはカーボンである。図を見ると，バーのワイヤが均一に分布

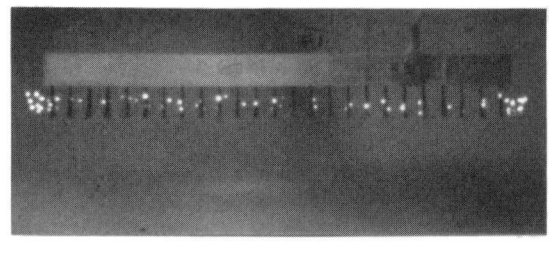

図 3.12 金属平板に対向させた除電バーのコロナ放電光の実測例
ワイヤの分布を，(a)叢生型，(b)均一型，(c)密集型の三種で比較してある。バーの長さは 150mm，正電圧印加，コロナ電流はどれも約 $5\mu A$。

(a) 4.27kV　5.2μA　叢生型　No. 6
(b) 5.13kV　4.95μA　均一型　No. 15
(c) 3.5kV　4.7μA　密集型　No. 22

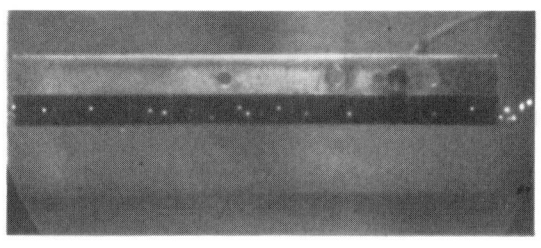

している均一型(b)よりも，ワイヤの束相互に間隔がある叢生型(a)の方が光点が多い。叢生型の場合，光点はワイヤ長さの中途に多いことから，乱れてはみ出した"おくれ毛"の先から放電していることがわかる。同様に，非常に多数のワイヤを植えた密集型(c)でも，放電は"おくれ毛"から生じる。またバーの端部で光点が多いことからも，ワイヤが密集していると電界強度が小さくなって放電が起きにくくなり，除電しないことがわかる。

　これらの結果から，①"おくれ毛"がない理想の場合は，均一型が良く，**ワイヤはまばらな方が良い**，②実際には"おくれ毛"があるので叢生型が良い，と結

論される。密集型はメリットがない。市販の除電バーには，材料に紙や布やゴムを使って鋸歯形にしたり，ワイヤ長さを大きくしたり（ワイヤは長くすると折れやすくなるであろう），さまざまなバラエティがあるが，これらには特別な利点はないと言うべきである。

実験でも，除電バーに負電圧を印加した方が低い電圧でも正電圧印加に比べて光点が多い。したがって自己放電式の除電バーは，正帯電の物体に対しては負帯電の物体に対してよりも有効に作用することがわかる。

上述のように，除電バーには対地静電容量が小さいことが求められる。それゆえ，毛を支持するワイヤホルダーは金属でなくプラスチックを用いて，寸法（幅と厚み）は小さいほど好ましい。非常に多数の毛や，数十mm以上の長い毛を使うのは，対地静電容量を増やすことになるので，避けるべきであろう。

3.5　絶縁シートの両面帯電と除電

プラスチック・シートなどの絶縁性シートでは，両面に帯電している場合がある。いくつものローラを通って何回も巻き取りと巻きほぐしされたシート面は，帯電しているのがふつうである。帯電電位計による測定では，表側だけでなく裏側の電荷もあわせて測定される。薄いシートの場合，少し離れたところ（距離はシート厚さの数十倍以上）に設置した電位計で測定されるのは，両面の帯電電荷の代数和で決まる電位である。もし，表裏の帯電電荷が正負反対極性で絶対値が等しいならば（このような状態を電気二重層という），電位計で測定してもほとんど帯電していないのと同じ測定値になる。表裏逆極性に両面帯電したシートは，"電気力線が外に出ない"ので，電位計や除電バーにとって"帯電していないように見える"のである。

両面帯電したシートを除電するのは，容易ではない。同極性に両面帯電している場合，除電器（とくに能動除電器）は表だけでなく裏面の電荷まで除電するように電荷を供給しようとする。除電器から送られる電荷はシートを貫通して通り

抜けることはできないから，シートの表に堆積する。こうして，表は過除電され，はじめの帯電電荷とは逆の極性の電荷が堆積する。シート裏側の帯電電荷はそのまま残る。結局，電気二重層が形成される。

表裏逆極性に両面帯電している場合は，上述のようなわけで，単に除電器をあてただけでは効果は非常に少ないと考えられる。

実際のシート面の帯電は，単一極性ではなく，帯電電荷密度も場所によって変化する。ちょうど，地図の上で場所によって標高差があり，海面より下のところもあって，海の中でも水深が場所によって異なるようなものである。こういう帯電物体を除電するのは，たやすいことではない。事例を示してその実際の方法とノウハウを述べると良いのだが，これは本書の範囲を超える。以上に示した基本の考え方を基礎にして工夫すれば，状況に応じた改善法が見つかるであろう。

除電にはある程度の時間がかかる。除電器からの電荷供給量は無限大ではないから，帯電を中和するには時間がかかる。実際には，長尺シートを除電するときのように，対象物が移動することが多い。移動速度が速い場合は，除電不十分になるし，逆の場合は過除電になって対象物を反対極性に帯電させる結果になる。それゆえ，除電の実施にあたっては，実験的に決める必要がある。除電後の対象物の帯電状態を測定監視して除電器を制御すればよいが，大掛かりなシステムになり，設置スペースからも，費用の点でも実行できない場合が多い。除電はこのように，簡単で容易なことではなく，研究すべき事項が残っている。現状では，除電の実施には経験に頼ることが多い。

3.6 湿度の効果

雰囲気の湿度を上げるのが静電気問題を生じにくくする方法である。静電気による障害や事故は冬に起きやすく，湿度の高い夏場には起きにくい。しかし，エアコンが普及した今日，冬には室内の相対湿度が40%以下になるのもふつうである。

シートやフィルムを扱う工場では，冬になって静電気問題で困ると，よく床に水を撒くのだという。簡単明瞭で安上がりな方法である。湿度を上げてリークを増すのは，表・裏とか，過除電とかいった面倒なことを考えなくてすむので，合理的である。この意味では，水を撒くというのも，害さえなければ乱暴と決めつけずに評価すべきかもしれない。

3.7 電荷リークの促進

　湿度が高くなくても，リークを増すことができれば除電になる。表面に界面活性剤を塗布して水分の作用によりリークを増すことは，第2章で述べた。導電性ないし半導電性の材料を塗布すれば，表面の水分の有無にかかわらず除電効果が大きくなる。

　表面の導電性を増すだけでなく，材料のバルク（体積）の導電性を大きくすることも効果がある。カーボンブラックなどを練り込むのは，よく行われている。作業服とか繊維製品の場合，糸に一部分，金属線や導電性のものを使う場合がある。

　こういった塗布，練り込み，織り込みといった方法によると，もとの材料の静電気特性以外の性質を変えてしまうおそれがある。外見や色の具合で，作業靴とか工業用の物品には良くても，生活用品にはなじまない場合もあるが，やむを得ないことである。

第4章

静電気の検出・測定

本章では，比較的手軽に使える静電気の検出器・測定器および関連機器について説明しよう。

4.1　帯電電位計と帯電電荷密度測定

帯電物体に測定器を接触させると，帯電電荷は測定器を通ってリークしてしまう。それゆえ，帯電電位の測定は**非接触**で行う。図 4.1 は，その概念を示したものである。1.6.4 項で説明したように，帯電物体の近くの導体には帯電電荷と反対極性の電荷が誘導されて電位が現れるから，プローブの電位の大きさと極性を判定して表示するのである。この電位は直流電位であり，そのままでは取り扱いにくいので，変調して交流にしてから取り扱う。変調用には，以前は回転セクタでチョップする方式（これをフィールドミル[17]と呼ぶ）が多かったが，いまは小型の振動容量センサが便利に使われている。

図 4.2 は，ハンディな帯電電位計の例である。帯電した表面に近づけると，帯電電位の極性と大きさを指示する。ここでも $q=cv$ 則が支配するので，測定器を近づけると帯電物体の電位は低下する。測定するときの物体との距離は決められていて，この距離まで接近すると音を発して合図し，表示もこのときのままホールドする機種もある。

電位センサを測定器本体とは別の小さなプローブにすると，帯電物体に近づけ

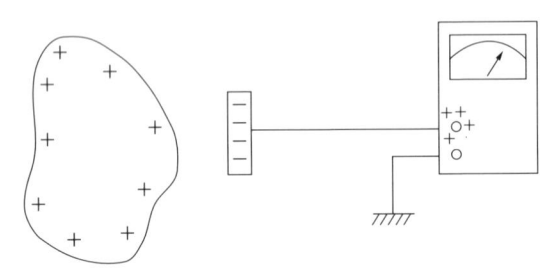

図 4.1　帯電電位計の原理[4]
導体に帯電体が接近すると，導体の電位が変化する。

図 4.2　手軽に使える帯電電位計の例

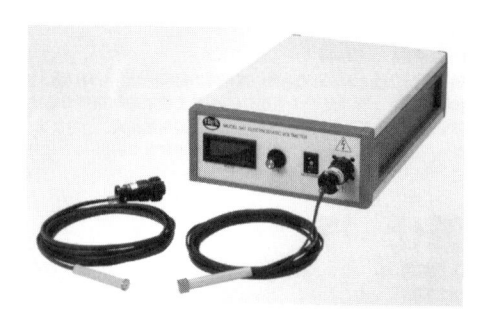

図 4.3　プローブをそなえた帯電電位計の例

ても $q=cv$ 則による c の増加，すなわち v の低下は小さい．図 4.3 は，その例である．こういう機種では，プローブを小さくつくって，測定対称面の上を前後左右に動かせば，不均一な帯電状態の二次元分布を測定できる．

4.2　帯電電位と帯電電荷密度——重要な関係

　帯電物体の対地静電容量がわかっていれば，$q=cv$ 則によって，帯電電位を帯電電荷密度（単位面積あたりの帯電電荷量）に換算できる．たとえば，絶縁シー

トの上面に帯電しているならば、シートを接地板にのせて帯電電位を測定し、c はこのシートを誘電体とする平行板コンデンサの単位面積あたりの静電気容量と考えて計算すればよい。

ここで、本質的に**帯電の程度を評価する量は帯電電荷量（総量あるいは単位面積当たりの電荷密度）であって帯電電位ではない**ことに注意されたい。帯電電荷量 q が同じであっても、対地静電容量 c が変わると $q=cv$ 則に従って帯電電位 v は変化する。したがって、帯電の程度を帯電電位で評価するときには、対地静電容量が一定である必要がある。これについて、3.3節も参照してほしい。プラスチック・シートのロールなどの帯電を電位計で測定して評価することがあるが、こういう場合、いつも同じ条件（対地静電容量が同じ。具体的には、ロールの太さが同じ、電位計プローブを近づける場所が同じ、近接物体の配置・距離が同じ、はがして測定するならば、はがした長さが同じ）でなければならない。"××の帯電は○○ボルトまで許容できる" というようなことは、これらの条件が一定であるときのみ成り立つ。シートの両面が逆極性に帯電していると（両面帯電）、帯電電位を計測してもゼロに近い結果が出るので、これも注意が必要である。

このことは、ことに専門家でない人には不便に感じられるかもしれない。安易な、間違った思い込みから、大きな失敗にならないように注意してほしい。"帯電の本質は電荷であって、電位はそれが現れる形である" と表現できようか。実際にほこりを吸いつける力を生じたり、放電を起こしたりするのは電位の高さ（電圧）であるから、これに着目するのは当然であるが、その "背後" にある電荷が "張本人" である。

帯電電荷が同じであっても、**対地静電容量（プラスチック・シートであれば、ロールからはがした距離のいかん）によって電位は何十倍以上も変わる**こと、除電（とくに受動除電）するときは接地金属物体から離れた位置に帯電物体を置くべきであることを、くりかえし強調しておく。逆に、接地金属の上にプラスチック・シートを置いて除電し、そのまま帯電電位を測定して低い電位が得られても、除電がほとんどされていない可能性があり、その後シートを接地金属から離すと高い電位が生じて障害や事故につながる場合がある。静電気の理屈はどれもやさし

いが，これだけは納得しにくいかもしれない．しかし，これは非常に重要な点である．実演を見て講習することがよいと思われる．$q=cv$ 則の重要性を，もういちど強調したい．

4.3 電荷量測定器とファラデー・ケージ

電荷量測定器には，プローブでさわって測定するハンディなものもあるが，**図 4.4** のようなファラデー・ケージによる方法が信頼できる．金属の二重箱（ふつうは円筒形）に帯電物体をそっくり入れて内側の箱の電位を測定すると，物体の総電荷量（正負電荷の代数和）がわかる．外箱は，近接物体の影響をなくすためのシールドであり，接地する．内箱は接地から絶縁する．

ファラデー・ケージ（電気学の大学者マイケル・ファラデーにちなんだ名称である）は，自作することもできる．市販のファラデー・ケージは小さいので，たとえば脱いだ衣服の帯電電荷を測定しようとすると，大きなファラデー・ケージ

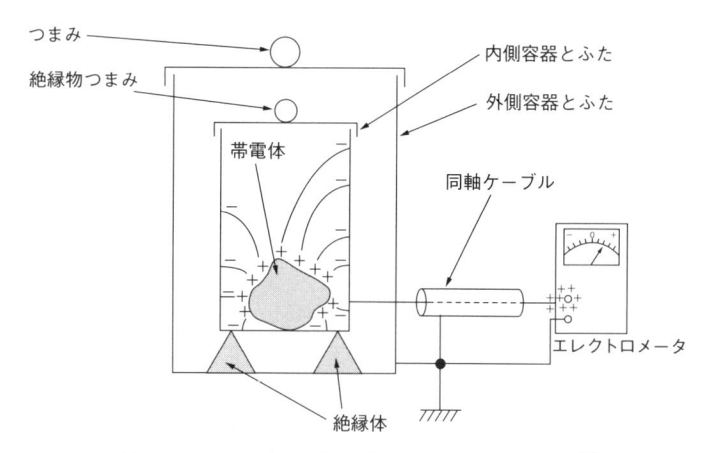

図4.4 ファラデー・ケージによる電荷総量の測定[4]
ファラデーケージは二重の金属容器で，内側容器の中に帯電体を入れ，その電位を電位計（エレクトロメータ）で測定する．外側容器は誘導ノイズを除くための静電シールド．

を自作する必要がある。トタン板かアルミ板で缶をつくる。入れ子にできる大小2つの空き缶を探してもよい。内箱を外箱から絶縁する脚には，リーク抵抗の高い絶縁物が必要であり，テフロンやポリエチレンを使う。なければデルリンでもよい。内箱のふたのつまみも，同じく絶縁抵抗の高い材料を使う。外箱のふたのつまみは何でもよい。内箱は，被測定物が底の方にくるように，十分深くなければならない。この条件が満たされている限り，精密測定でないならば，箱のふたはなくてもよい。電位計に接続するのには，高周波同軸ケーブルを使用すればよい。図 **4.5** は自作例である。

　内箱に接続する電位計は，入力抵抗はきわめて高くなければならない。4.1 項の非接触型電位計と違って，本格的な（つまり高価な）微小電圧計であり，微小電流計としても使用できるものが多い。これをエレクトロメータと称することがある。

　ファラデー・ケージにおいても，$q = cv$ 則が支配する。内箱の静電容量 c（正確には，同軸ケーブルの静電容量とエレクトロメータの入力容量を加算した値）を別途測定しておいて，v をエレクトロメータで測定し，q に換算するのである。

　測定器の入力抵抗と入力容量について，ここで述べておこう。ふつうの電子測定器では，入力端子−接地間の抵抗は高くても 1MΩ であり，入力端子−接地間の

図 **4.5**　自作したファラデー・ケージ。高さ約 **250mm**。

静電容量は 50pF 程度ある。静電気の場合，1MΩ の抵抗をつなぐと，電荷はすぐリークしてしまう。オシロスコープのようにプローブ（ふつうは 10：1 プローブである）を使用しても，抵抗は 10MΩ 程度にしかならない（静電容量は 5pF 程度になる）。リード線の静電容量を考慮しなければならない場合もある。同軸ケーブルの心線–シールド網間の静電容量は，1m あたり 65pF 程度である。エレクトロメータでは，入力抵抗 10^{14}Ω 程度のものが市販されている。

4.4 検電器，帯電チェッカ

図 **4.6** はガラスびんに入れた箔検電器である。学校の理科で見たのを記憶している読者も多いであろう。びん上部の金属部分に帯電物体が近づいたりさわったりすると，2 枚の金属箔が開いたり閉じたりする。今日の電気技術の現場でこれを使うことはほとんどないが，感度は高いので帯電チェッカとして使える。静電気問題をときほぐす練習の道具として，手元に置いても良いであろう。

プラスチック・シート片に切れ目を入れたものや，プラスチックの紐を裂いて

図 4.6　箔検電器

図 4.7　プラスチック・シート片でつくった"タコ"（約 160mm 長）

束にしたものを手に持って物体に近づけると，テープや紐の先の動きから，帯電しているかどうかがわかる．セロテープをはがすと，テープがもとに戻ろうとしたり，帯電物体のそばで人の毛が立つのと同じことである．図 4.7 はこのような検出器の例で，"タコ"の足が対象物に引き寄せられたり反発されたりすることから，静電気の存在を簡単にチェックできる．

4.5　電荷減衰特性の測定

第 1 章で述べたように，実際に問題になる静電気は電荷の発生と減衰とのバランスの結果である．表面の水分によるリークの作用が大きいけれども，材料自体の電荷減衰特性も重要である．この電荷減衰特性を測定するために，図 4.8 のような装置があり，市販もされている．ターンテーブル上に試料を置いて，上方か

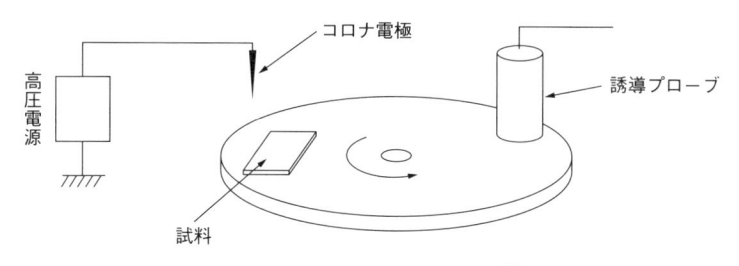

図 4.8　電荷減衰特性測定装置[4]

らコロナ針電極により電荷を与える。ターンテーブルが回転して試料が電位計誘導プローブの下方に来ると，電位が測定される。あとは，時間経過に応じて測定を続ければよい。

4.6　湿度測定器

　湿度測定は難しいことであって，露点湿度計が信頼できるが，これは簡便ではない。そこで温度計を2本そなえていて，湿らせたガーゼで片方の根元をくるむ乾湿球湿度計が広く使われている。

　図4.9にこれを示す。乾湿球湿度計は，人が目盛から読み取らないと測定にならない。毛髪湿度計は指示型で便利であるけれども，経年変化があって，校正が必要である。そのほか指示型の湿度計が市販されているが，部屋のアクセサリーに近いものが多い。電気式の湿度計もいろいろあるが，センサの信頼性，とくにその経年変化が難点である。

　図4.10のような自記温度湿度計がある。温度変化はバイメタル，湿度変化は毛髪で検知して，円筒に巻いた記録紙にペンで変化曲線を記録するものである。円筒の1回転は，1日，1週間，31日，1年と切り替えられるようになっている。気象用測定器であり，頑丈ではなく，定期的に記録紙を取り替える必要があるなど，簡便に使えるとは言えない。しかし，事務室や工場，作業室などにそなえると，湿度の変化が一目瞭然で，静電気と湿度との関係を知るツールになる。記録が残る

94　第 4 章　静電気の検出・測定

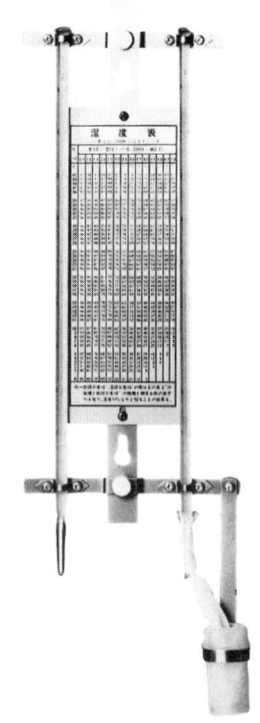

図 4.9　乾湿球湿度計（オーガスト型）

図 4.10　自記温度湿度計（口絵 5 参照）

から作業管理にも好適である。価格も数万円程度であるので，会社などにとっては大きな出費にならないであろう。

4.7 放電の検出器

　静電気放電がいつ・どこで起きているかを特定できれば，問題解決に近づくことが多い。放電は，音（超音波），光，電磁波，紫外線の放出や，化学変化を伴うから，これらを検知すれば放電の存在がわかる。

　放電のラジオノイズ検出器であるEMIロケータについては，2.2節で述べた。

　放電している場所を特定するには光を検知すればよいが，工場や作業室などでは暗黒の状態にできないのがふつうであって，研究室以外ではこれは適用しにくいであろう。夜に電灯を消して放電の光を調べることはできるであろう。人間の眼は暗黒の中でならせば相当に感度がよく，セロテープをはがしたときに起きる静電気放電も検知できる。

　弱い光を眼で検知するにはコツがある。視野の中央部は色が判別できるかわりに感度が悪く，逆に周辺部の方が高感度である。暗黒の中で眼をならして（少なくとも5分以上）から，放電のありそうな箇所からずれたところを見る感じ（室内であれば2～3mはずれたところ）で，しかも見つめようとしないでゆったりとした気分でいると見えてくる。

　イメージインテンシファイヤを利用できれば，非常に微弱な光を観察でき，静止写真やビデオに撮ることもできる。これは，画像を1万倍以上の明るさに増幅して，直径25mm程度の蛍光面に出す電子装置である。もともとは，ライフル銃などに装着して標的を狙撃するのに使われた。放電光の現れるさまをビデオで撮影できれば，一目瞭然かつ印象的で，会社などであれば，静電気と静電気放電の重要性を認識させる教材のようなツールとしても役立つであろう。ただし，イメージインテンシファイヤは過大な強い光を入れると劣化するので，十分な注意が必要である。

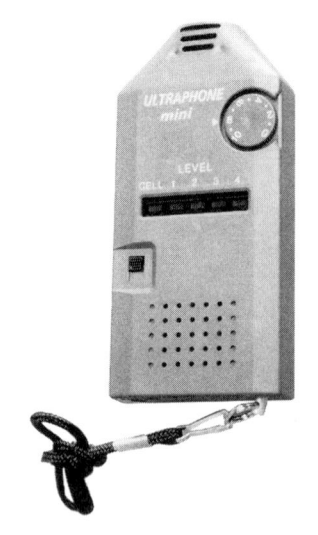

図 4.11　超音波による放電検出器の例

　色のついた粉を振りかけて放電の痕跡を現像するリヒテンベルク粉図形は，感度が高く，しかも放電や電荷の極性を判別できるので，非常に有効である。リヒテンベルク粉図形とイメージインテンシファイヤの使用例を，次章でくわしく述べる。

　超音波センサで放電を検知する装置がある。長い中空円筒（プラスチックなどの絶縁円筒）を耳にあてても放電の音の出るところを探せるが，超音波は指向性が強いので，検知に好都合である。図 4.11 はこのような装置の例であり，2m の範囲で放電を検知できる。受信超音波の強度を LED で表示するとともに，イヤホンで可聴音をきいてその最強の方向を探せるようになっている。放電が継続して出ている場合の場所の特定には，これは有効であろう。この種の超音波による放電検知器は，もともと送電線での余計な放電や高電圧設備の接触不良や絶縁不良の箇所から発生する放電を検知して，場所を特定するためにつくられものである。数十 m 以上の遠距離にある放電を検知できる機種や，放電の出す電磁雑音（電波）を検出する機種もある。

第5章

静電気放電

98　第5章　静電気放電

　静電気放電が障害や事故のもととなることは，第2章でも例を挙げた。静電気放電への有効な障害対策を見出すには，まず静電気放電そのものについて知らねばならない。本章では，筆者自身の研究に基づいて，静電気放電のうち重要なものについて述べる。

5.1　静電気放電の特徴

　静電気以外の分野では，高電圧電源があって，これに接続されている電極で放電が起きる。これを，少々変な言葉であるが"ふつうの"放電と呼ぶことにする。ふつうの放電は高電圧送電などに関係しているため，広く研究されてきた。静電気放電の方は，現象論的な研究報告が少しあるだけである。そこでまず，静電気放電の特徴をふつうの放電とも比較しながら，整理して述べておこう。次節以降で述べる具体的な事例を参照しながら本節を読むとわかりやすいであろう。

　静電気放電とふつうの放電とを比較すると，次のようなことがわかる。

 i) 静電気放電の原因となる電荷は問題となる物体に分布しているのに対し，ふつうの放電での電荷は電極と高電圧電源に集中して存在している。これは，静電気放電とふつうの放電との違いのうちでもっとも重要な点である。

 ii) 静電気放電では，問題となる系で物体が移動していることが多い。摩擦・剥離による電荷発生と帯電，物体どうしの接近によりギャップ長が減少して（ワゴンがコンピュータ筐体にさわるとか，人間の指がキーボードを操作するとか）放電が起きるなど，その例である。ふつうの放電では，物体の空間移動は前提とされない。

iii) 静電気放電の原因となる分布電荷はあまり大きくないことも多く，その結果として起きる放電1発のエネルギーは大きくない。反面，分布電荷による放電であるので，放電電流の立ち上がり速度は非常に速い。静電気放電の立ち上がり時間は40psであり，またそのスペクトルは数十GHzまで伸びているとも言われる。

iv）静電気放電は高速であるので，誘導によるEMC障害（ノイズ）源として
きわめて危険である。

v）静電気放電が高速で大きさが小さく，移動物体がからんでいることは，放電の検出を困難にする。時間分解能だけでなく空間分解能のある測定手段，すなわち画像を検出できる装置が必要である。そこで筆者は，イメージインテンシファイヤを装置したビデオカメラを使用した。静電気放電の光は弱いので，1本のイメージインテンシファイヤの画像増幅度では不十分な場合があり，2本をカスケードにしてビデオカメラに前置した。静電気放電のあとに有色粉を撒布して放電痕跡を可視化する方法（リヒテンベルク粉図形法）は，時間分解能はないけれども，非常に感度が高いので，放電が起きた場所を特定するのにきわめて有用である。振りかけ粉として極性と色の異なる2種の粉の混合物を用いると，放電後に物体表面に残っている正負の電荷の分布を可視化できる。

vi）帯電・放電の極性を特定することは重要である。放電は物理現象であって，正放電か負放電かによって著しく異なる。従来の静電気放電研究ではこの点を無視して解析することも多く，とくにEMC関係の論文にこの傾向が見られる。

結局，いつ，どこで，そしてどのような静電気放電が起きるかを知るのがまず必要である。いつ，どこでの両方ともわからないときにはお手上げである。いつ，どこでのどちらかがわかれば，ずっと攻めやすくなる。

5.2　静電気放電の場所を知るには

前節に述べたように，静電気放電の場所を特定するのには，空間分解能のある（画像を検出する）検出手段が必要で，筆者はリヒテンベルク粉図形とイメージインテンシファイヤを装着したビデオを併用している。

5.2.1 リヒテンベルク粉図形

　リヒテンベルク粉図形（放電粉図形）は，放電したあとの物体（金属などの導電性物体でなく，絶縁性物体）に粉を振りかけると現れる図形である。これにより，放電によって生じた電荷（残留電荷）の分布が可視化される。粉はどんなものでもよい。ポリ袋や，ファクス・複写機の筐体や給紙トレーなどにできる模様は，静電気放電の跡にほこりがついたものである。

　正帯電した粉と負帯電した粉を混ぜた二色粉を使うと，電荷の極性がわかる。これは，他のいかなる放電検出法にもない特徴である。一般に，放電の特性は極性によって著しく変わるから，リヒテンベルク粉図形は非常に有用な放電研究法である[18]。

　リヒテンベルク粉図形法の実際について説明しておこう。粉としてはカラーコピー用の粉が便利であり，色も選べて粒径が小さいので図形の分解能が良好である。カラーコピー用の粉（トナー）には，黒・赤・青・黄・茶などの色があり，極性も正のものと負のものがある。ただし，正に帯電したトナーは種類が少ないようである。

　まず，色の識別がしやすくて極性の異なる2種類の粉を選定する。これらの粉は複写機メーカーから分けてもらえるであろう。トナーだけのものと，マグネチックキャリヤ（鉄粉）を混ぜたものと，どちらも入手できる。筆者は，キャリヤ入りのもので赤（正に帯電）と黒（負に帯電）をだいたい1：1に混合し，非金属スプーンですくって誘電体板・シートに振りかけた。筆者が使用した粉では，赤の粉自体は正に帯電しているから物体上で負の電荷が存在しているところに付着するし，黒の粉は正の帯電場所につく。だから，正負電荷の分布が色分けして明瞭に示される。

　粉を振りかけ（現像）たら，物体を軽くはたいて余分な粉を落とす。これで残留電荷の図形が得られるが，そのままではさわると図形が崩れるので，定着させる必要がある。クリヤラッカースプレー（つや消しでないもの）を吹きつけ塗装する。吹きつけが多すぎると粉が流れてしまう。また，ラッカーを吹きつけるの

でなく電気乾燥機に入れて加熱しても，トナーが溶融して定着される（複写機の加熱定着と同じ）。もちろんこの場合，相手の物体（誘電体）が熱に耐えなければならない。

　電子写真（複写）には，溶媒にカーボン粉を分散した現像液を使う方式もある。この湿式複写用現像液を用いて，放電図形を可視化することもできる。

　これらの方法は，書いて説明すると長くなるが，やってみると簡単である。ただし，作業者が微細粉や溶剤を吸わないように注意が必要であるし，廃粉や廃液の処分にも配慮すべきである。

5.2.2　イメージインテンシファイヤ

　リヒテンベルク粉図形では，空間分解能はあっても時間分解能がないが，イメージインテンシファイヤを装置したビデオカメラは，空間分解能だけでなく，時間分解能もある。ただし，放電や電荷の極性判別ができない。そのためこの両方法を併用すると，空間分解能，時間分解能，極性判別がそろうので，静電気放電のふるまいがわかる。

　イメージインテンシファイヤは画像を増幅する素子であり，たとえば，暗いところで射撃の標的をねらうスナイパー・スコープとして使われる。**図5.1**はイメージインテンシファイヤの例で，増幅された像が直径18mm程度の蛍光面に現れ

図5.1　カメラを装着するようにハウジングに入れたイメージインテンシファイヤ

る。1本のイメージインテンシファイヤの画像増幅度では不十分な場合は，2本をカスケードにして使う。放電の速さはビデオのコマ送りよりもずっと速いけれども，イメージインテンシファイヤの出力蛍光面の残光特性があるので，物体の運動に伴って起きる静電気の様子が動画として家庭用ビデオカメラで撮影できる。イメージインテンシファイヤは超高感度素子であり，強い光が入ると光電面が焼けてしまうので，暗室で撮影する必要がある。

5.2.3　適用例──複写機のローラ帯電モデル実験ほか

実際の実験研究への適用例を示しておこう。

図5.2は，赤（正に帯電した場所につく）と黒（負に帯電した場所につく）のトナーを使って現像した放電の跡である。これは，複写機の感光ドラム上の帯電ムラのモデル実験として，複写の実機の帯電ローラを模擬した金属円筒（直径12mm）に直流高電圧を印加して，ポリエチレンテレフタレート・シート上を転がしたときに起きる放電の跡である。**図5.3**は，図5.2を拡大したものである。

シートの移動方向

(a) 印加電圧：−1.4kV　　　(b) 印加電圧：+1.4kV

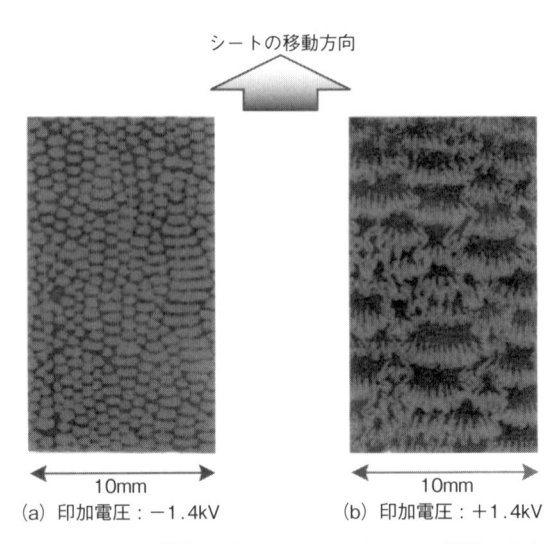

図5.2　ローラ帯電のプラスチック・シートの帯電ムラをトナーで可視化したリヒテンベルク粉図形

シートの移動方向

(a) 負電圧印加　　(b) 正電圧印加

帯電ムラのくりかえし距離

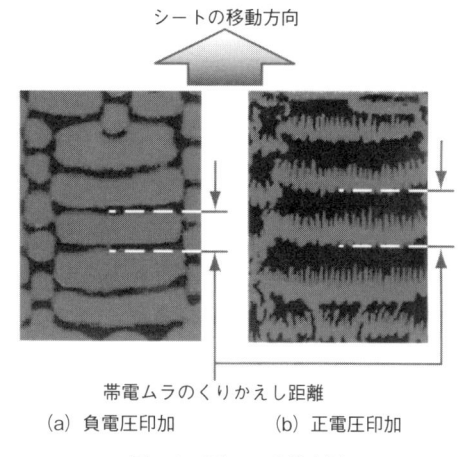

図5.3　図5.2の拡大図

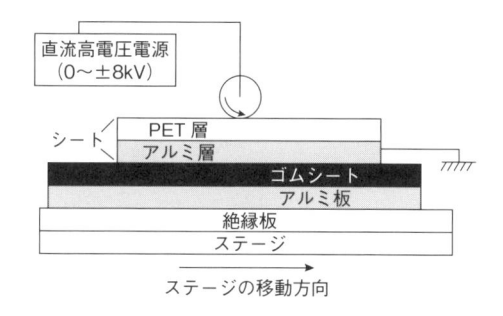

図5.4　複写機の帯電ローラのモデル実験装置

図5.2と図5.3の実験装置を**図5.4**に示す。ポリエチレンテレフタレート・シートがローラに入っていくところ（ニップ）をローラの軸方向から撮影したイメージインテンシファイヤ写真が**図5.5**である。本書では示すことができないが，これはビデオ動画であるので，放電が起きる様子がよくわかる[19]。

図5.6は，2枚のポリエチレンテレフタレート・シートをコロナ・ワイヤで帯電し，2枚の間をはがしたときに得られる剥離放電のリヒテンベルク粉図形である。これは正に帯電した場合の，上側シートの裏にできる放電図形と下側シートの表にできる放電図形で，両者は鏡像関係になっていて枝が1対1に対応してい

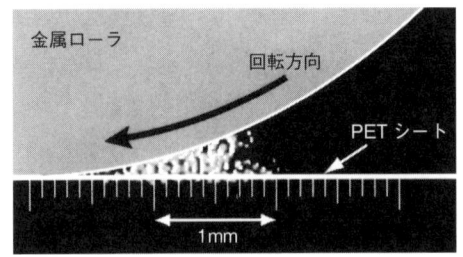

図5.5　複写機の帯電ローラのモデル実験でのローラ・ニップ部の放電光

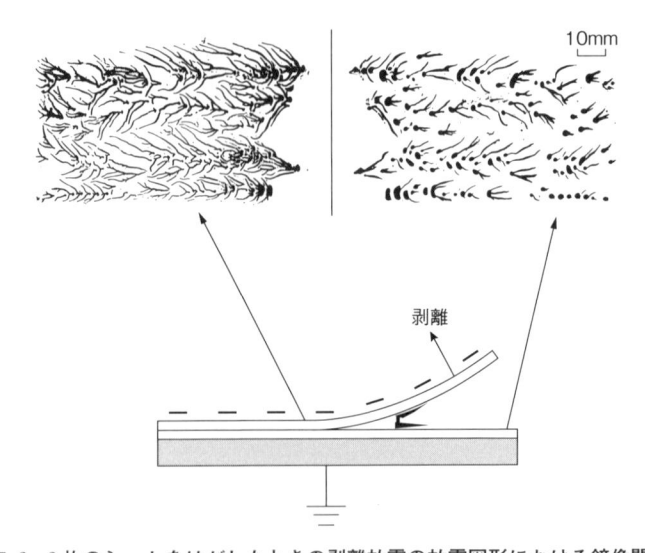

図5.6　2枚のシートをはがしたときの剥離放電の放電図形における鏡像関係

ることがわかる[20]。

5.3　剥離放電と巻き込み放電
――ローラによるシート搬送系で起きる放電

プラスチック・シートや紙を搬送するとき，ローラ搬送系の巻きほぐしローラ

の出口や，巻き込みローラの入口で放電が起きる。日本語でも英語でもこれらの放電の名称がないので，筆者はそれぞれ剝離放電（separating discharge）と巻き込み放電（rolling-up discharge）と命名した。剝離放電と巻き込み放電は，フィルム生産・加工の過程だけでなく，カメラ（医療用も含む），オーディオやビデオのテープ，複写機，プリンタ，ファクス機など，ローラを使っているところで起きる。ローラを使っていなくても，プラスチック・シートをはがすときに起きる。髪に櫛をあてたときやセータを脱ぐときに起きる放電も，剝離放電である。このように，剝離放電と巻き込み放電は非常に一般的に起きやすい。

以下，剝離放電と巻き込み放電のモデル実験を紹介しよう。

5.3.1 剝離放電[21, 22]

実験方法

剝離放電の実験は，図 **5.7** のような装置で行われた。ポリエチレンテレフタレート・シート（100μm 厚・幅 180mm）をループ状にして，接地した主円筒（半径 115mm。電動機で駆動）からシートがはがれるところで起きる放電を観測する。

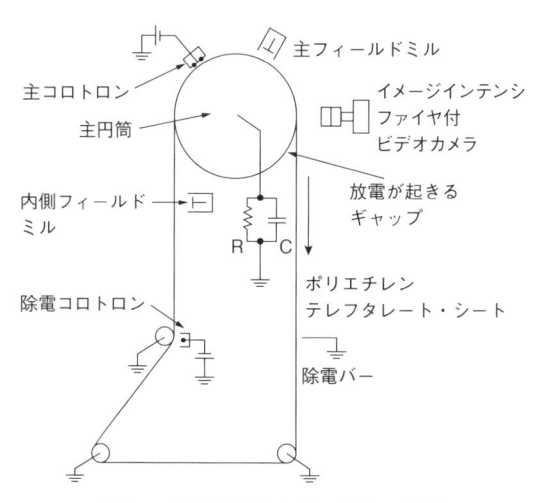

図 **5.7** 剝離放電のモデル実験の装置

ループ長は 2,150mm である。ポリエチレンテレフタレート・シートは，厚さ 38
～350μm の範囲の数種類についても実験した。一部分，シリコン・コートしてあるポリエチレンテレフタレート・シートを使用した。

　シートが主円筒に巻きついている位置で主コロトロン（直流高電圧を印加したコロナ・ワイヤ）により電荷を与え，次に主フィールドミル（回転セクタ式電位計）で帯電電位を測定し，さらに主円筒が回転するとシートがはがれるようになっている。帯電電位はシートの厚さと比誘電率がわかっているので，帯電電荷密度に換算できる（3.3節と4.2節を参照されたい）。

　シートが一周する間に，除電バーや除電コロトロンによって，シートの帯電はくりかえし実験にさしつかえないように除かれる。シート・ループの内側に設置したフィールドミルは，この除電の結果を監視するために設けてある。シートの移動速度は，約 100mm/s である。主円筒とアースとの間に抵抗・コンデンサ並列素子を入れ，ここに現れる放電パルスにより，静電気放電を検出する。放電光はイメージインテンシファイヤ 2 本（VARO 製 3603 および浜松ホトニクス製の同等品 V1336P）を装着したカメラを用いてビデオテープに記録した。放電光は弱いが，暗室内でしばらく目をならせば肉眼でも見える。実験は，温度 21～23℃・相対湿度 35～45％ の室内で行われた。

放電光と放電粉図形

　イメージインテンシファイヤ 2 本を装置したビデオカメラで撮影した放電光を，図 5.8 に示す。光は帯電レベルによって変化するが，負帯電では樹枝状，正帯電では円形であり，帯電の極性により著しい違いがある。本書で示すのは静止画であるが，ビデオカメラで撮影した動画もあり，放電の様子が一目瞭然である。放電が空気ギャップをブリッジする場所は，負帯電では樹枝状の図形の根元（扇形の図形と考えればその要），正帯電では円の中心であると考えられる。ギャップを横からのぞき込む方向で撮影した写真（図 5.9）からもこれがわかる。

　注目すべきは，図 5.8 の(a)→(b)→(c)で，帯電電荷密度上昇につれてポリエチレンテレフタレート・シート上の放電光の伸びが小さくなっていることである。

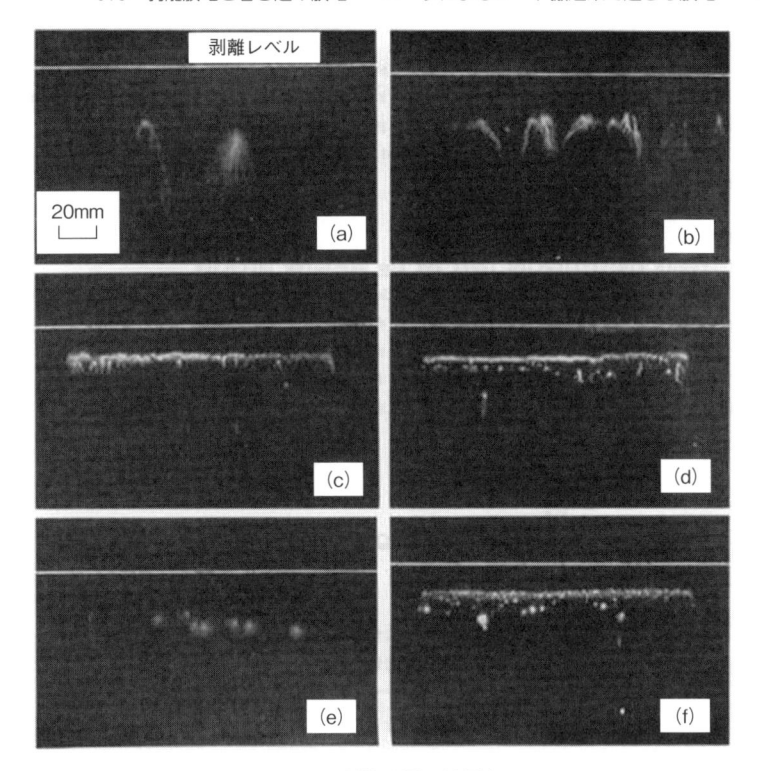

5.3 剥離放電と巻き込み放電——ローラによるシート搬送系で起きる放電　107

図 5.8　剥離放電の放電光
(a)→(b)→(c)→(d)は，ポリエチレンテレフタレート・シートが負に帯電した場合で，→の順に帯電電荷密度（絶対値）は大きくなる。(e)→(f)は，シート正帯電である。剥離レベル（シートと円筒の接線）を白インキで記入してある。

(d)では，光点が集合した横線の下に，大きい放電光が現れる。これら2種の放電光は，図5.9に見られる2つのモードの放電に対応している。帯電電荷密度が(d)のように大きくなると，最初の放電（図5.9の微小放電）で中和されきらなかった電荷の作用で，2度目の放電（図5.9の主放電）が生じると考えられる。

リヒテンベルク粉図形を**図5.10**に示す。本物は赤と黒の二色図である。この粉図の特徴も放電光と似ていて，帯電レベルによって変化するが，負帯電では樹枝状，正帯電では円形である。図5.10でも図5.8と同様に，(a)→(b)→(c)で，帯電電荷密度上昇につれてポリエチレンテレフタレート・シート上の放電の伸びが

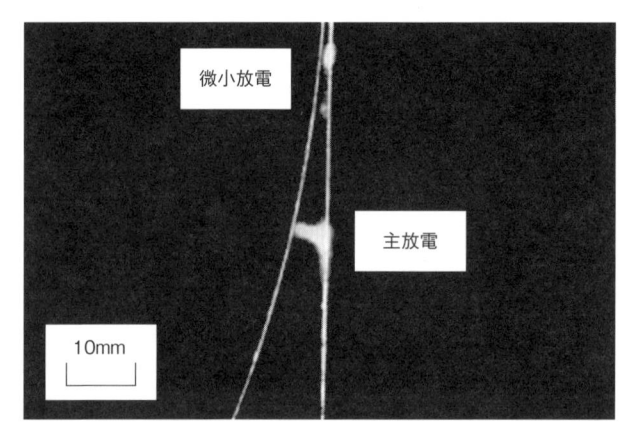

図 5.9 円筒の軸に平行な方向から撮影したギャップ内の剥離放電の光
2つのモードの放電の光がある。シート面と円筒面を白インキで記入してある。

小さくなっていること，(d)では2種の放電が起きていることがわかる。

負帯電では，放電チャンネルがシート表面に長く伸び，70mmに達することもある。負帯電の剥離放電は，シート表面に残す痕跡（残留電荷など）がくっきりしているので，シート材料などの製品不良につながりやすい。

図 5.11 には，負帯電の剥離放電図形がシート面上に生じる順番を模式図で示した。図で下の方ほど"過去"の事象である。剥離放電の原因である電荷は放電によって中和されるから，後続の放電はシート面上で先行する放電が伸びた領域には入り込めない。後続の放電の枝は，したがって，シート面上で先行する放電の領域のすき間に入れ込むように伸びる。

以上見たように，剥離放電の放電光と放電図形は帯電の極性によって著しく異なる。剥離放電の跡が製品の傷になる場合には，これは重要である。

剥離放電発生条件は極性によらず帯電電荷密度 $34\mu C / m^2$

剥離放電が，どういう条件で，なぜ起きるかを説明しよう。図 **5.12**(a) のように，電荷 σ がのっているシートがはがれるとき，ギャップ長 d が増加し，d に反比例してシート内表面と円筒との間の静電容量 c_d が減少する。$q=cv$ 則により，c_d

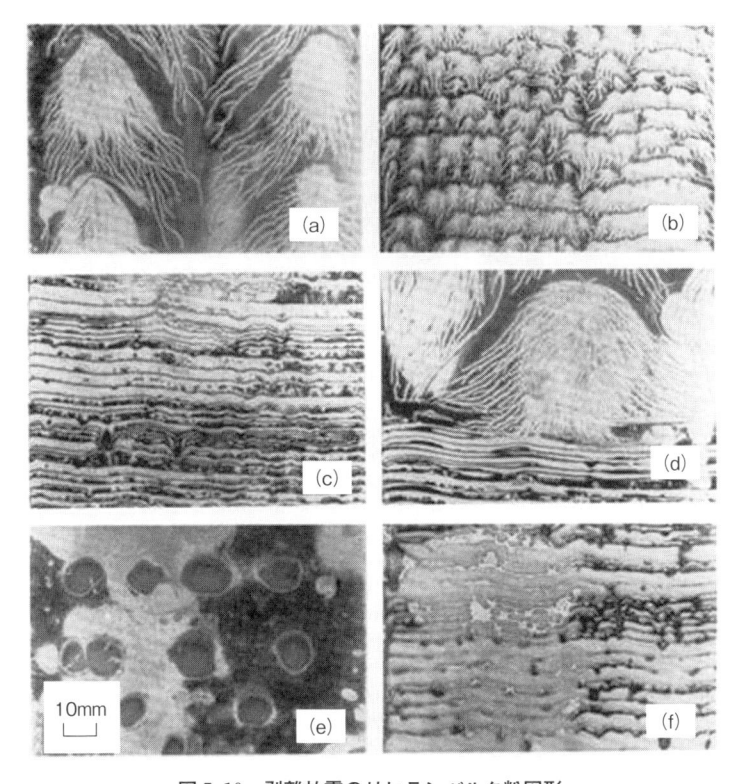

図 5.10　剥離放電のリヒテンベルク粉図形

図 5.8 と同様に，(a)→(b)→(c)→(d) は，ポリエチレンテレフタレート・シートが負に帯電した場合で，→の順に帯電電荷密度（絶対値）は大きくなる。(e)→(f) は，シート正帯電である。

の減少に伴ってギャップにかかる電圧 v_d が上昇して放電に必要な値（パッシェン電圧）に達すると，放電する。放電発生に必要な最小の帯電電荷密度 σ，放電が起きる場所のギャップ長 d を測定するとともに，ギャップにかかる電圧 v_d を計算する。図 5.12(b) はこの計算の結果を示したもので，v_d 曲線とパッシェン曲線が交わると放電が発生する。σ が小さいと，v_d 曲線はパッシェン曲線と交差しない。この図からも，σ が $30\mu C/m^2$ と $40\mu C/m^2$ の中間で放電が始まることがわかる。

剥離の起きる場所は，図 5.12(b) から，おおよそ $x=10mm$ 前後であることがわかる。これは，$r=115mm$ のとき，ギャップ長 $d=0.4mm$ に対応する。注目す

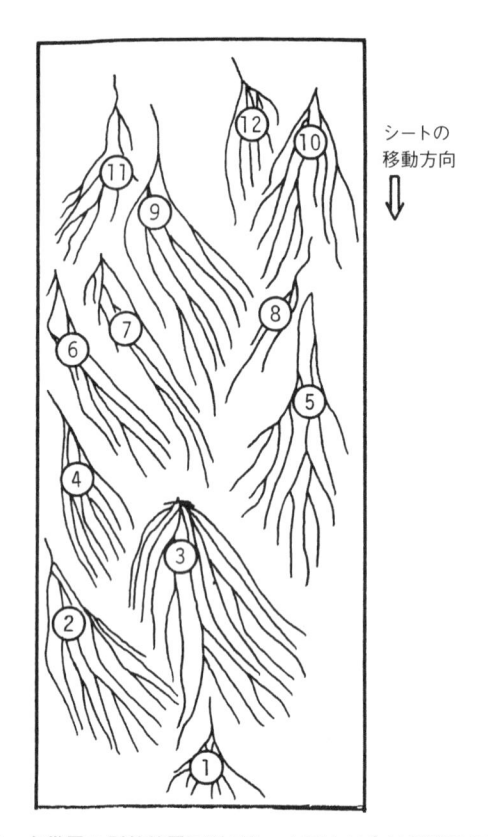

図 5.11 負帯電の剥離放電図形がシート面上に生じる順番の模式図

べきは，帯電レベル σ が小さいときは放電地点の x や d は大きく，σ が大きいと x や d は小さいことである．すなわち，σ をゼロから上げていくと，剥離放電はギャップ長の大きいところで始まり，ギャップ長の小さいところへ移るわけである．

やや詳細にわたるが，剥離放電開始帯電レベルの計算方法を説明しておこう．シートが剥離するとき，接地円筒との間に空気ギャップをつくる．図 5.12(a) のように，シート上のある点 x に対応する空気ギャップ（長さ d）のキャパシタンスを c_d，シートのキャパシタンスを c_t で表すと，d と c_d は x の関数であるが，c_t は x に依存しない．シート外面に電荷（密度 σ）が一様に分布しているとすると，

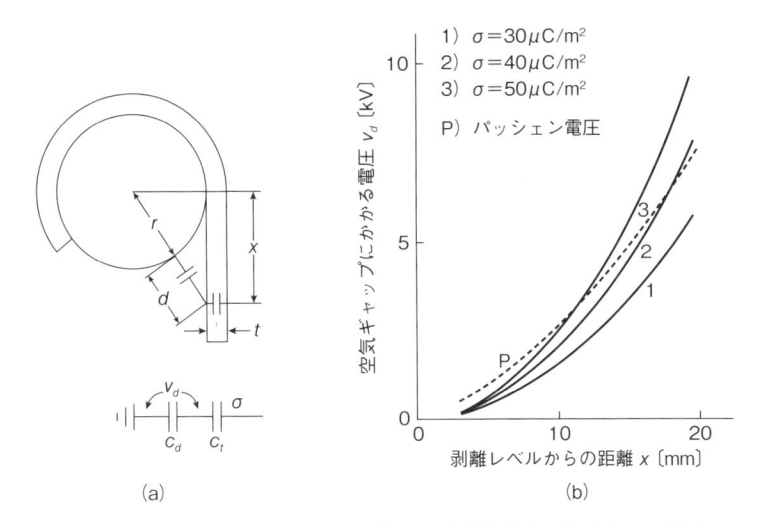

図 5.12　$q = cv$ 則とパッシェン電圧による剥離放電開始条件の計算法

c_d にかかる電圧 v_d は，$q = cv$（この場合は $\sigma = c_d v_d$）則によって，x の増大につれて（すなわちシートの剥離につれて）上昇する．図 5.12(b) には，σ の大きさを変えて求めた v_d の計算値が示してある．ここには，パッシェン電圧も計算して（$d = \sqrt{x^2 + r^2} - r$ の関係を使う．r は円筒半径）書き込んである．v_d 曲線とパッシェン曲線との交点が放電条件となる．σ が小さいと，v_d はパッシェン曲線と交差しない．パッシェン電圧は極性によらないから，剥離放電開始条件も帯電極性に依存しない．

帯電レベルを変えて何回も実験し，剥離放電開始帯電レベル（剥離放電に必要な最小の帯電電荷密度）を測定した結果を**図 5.13** に示す．測定と計算の結果はよく一致していて，約 $34\mu\mathrm{C/m^2}$ である．注目すべきは，この値が帯電の極性，シート厚さ，ローラ円筒の半径には依存しないことである．円筒形ローラからはがれるのではない場合でも，これは成り立つ．すなわち，**剥離放電はどんな場合も帯電電荷密度が $34\mu\mathrm{C/m^2}$ になったときに起きる**．これはこの研究ではじめて得られた重要な知見である[21]．

実際には，搬送中のシートは理想的な形で剥離するわけではなく，種々の乱れ

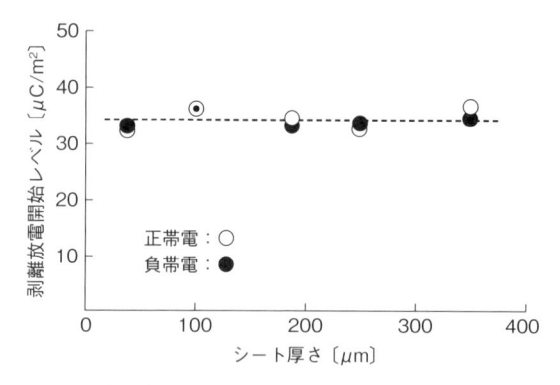

図 5.13　$q = cv$ 則とパッシェン電圧による剥離放電開始条件の計算結果と測定結果との比較
剥離放電発生条件は極性によらず帯電電荷密度 $34\mu C/m^2$ であることがわかる。

があるので，$34\mu C/m^2$ よりも下の帯電レベルでも剥離放電が起きることがあるだろう。しかし，理論の示すこの値がわかったことは，剥離放電問題を扱うときに大きな足がかりになる。

おもしろいのは，**帯電電荷密度が大きくなると放電光や放電粉図形は小さくなる**ことである。すでに見た図5.8と図5.10からもこれがわかる。前述のように，放電の起きるギャップ長も，σ上昇につれて小さくなる。帯電電荷密度の増加につれて，放電粉図形の長さは**図5.14**に示すように減少する。これはパラドクスに見えるが，次のように考えれば納得がいく。剥離放電は，剥離が進行してギャップにかかる電圧が十分に上昇しないと起きない。低帯電電荷レベルでは，ギャップがよほど大きくならないと，電圧上昇が放電条件に達しない。こうして，低帯電電荷レベルでは，放電の起きるギャップ長は大きく，その光や放電図形も長く伸びるのである。帯電電荷レベルが高いと，剥離が少し進行しただけで電圧は十分に上昇するので，放電ギャップ長，放電光と放電図形の長さも小さい。

さらに帯電電荷 σ が大きくなると一度の放電では電荷が十分に中和されず，シートがさらに動いてギャップ長が大きくなったときにもう一度放電する。放電が2度起きることは，ギャップを横からのぞき込む方向で撮影した写真（図5.9）でもわかる。シートが剥離する付近にある光と，ギャップ長十数 mm のところでギ

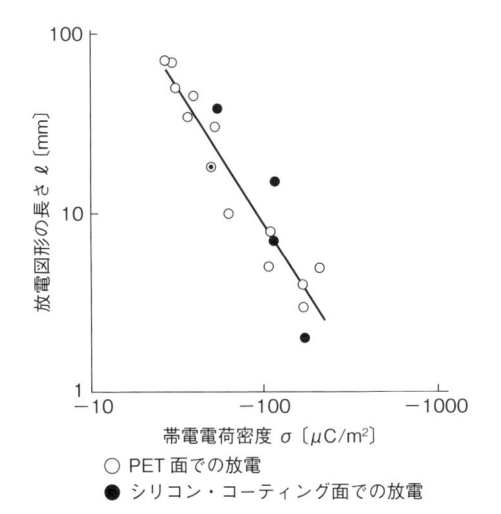

図 5.14 負帯電の剥離放電図形の長さは，帯電電荷密度上昇につれて小さくなる。負帯電の剥離放電についての測定結果。シリコン・コーティングしたポリエチレンテレフタレート・シートでも，同様である。

ャップをブリッジしてシート表面を下方へ伸びる光が見られ，2度の放電を示している。

　剥離放電の痕跡の害を抑えるのに，剥離放電の起きない低帯電電荷レベルにしようとすると，剥離放電が起きた場合にその痕は大きい。むしろ，高めの帯電電荷レベルにすれば比較的小さな放電痕ですむ。これも，この研究で見出された重要な知見である。実際に，複写のコピー画像のムラを小さくするためにこの知見を使っている。

5.3.2　放電の正負——静電気研究と放電研究での呼び方の違い

　剥離放電では，帯電の極性によって放電が残す痕跡の図形が異なる。負帯電であると樹枝状で，正帯電であると円形である。ところが放電研究者は，前者のような放電図形を正図形，後者を負図形と呼ぶ。静電気の分野と放電の分野とで名前が反対になっている。これが混乱のもとになるといけないので，ここで説明し

114 第5章 静電気放電

ておこう。

　放電研究者は，電極に印加する高電圧の極性で正放電・負放電と呼ぶのに対し，静電気研究者は帯電面の極性で呼ぶ。絶縁物の面が負に帯電していて接地物との間に放電する場合，接地物から帯電面へ伸びてくる放電チャンネルは帯電面に対し相対的に正である。これはちょうど，絶縁平板の上に棒電極を置いて正の高電圧電源をつないで放電させるのと同じ極性関係である。実体は同じであるのが，面の極性で呼ぶか，棒電極の極性で呼ぶかで，命名が逆になるだけのことである。

　静電気と静電気障害対策には放電の知識が必要であるから，正放電・正図形，負放電・負図形といった名称でつまずかないように，注意してほしい。

5.3.3　巻き込み放電[23]

　剝離放電と巻き込み放電の実験はばらつきが大きく，実際には相当に困難である。帯電したシートと接地円筒との間にはクーロン力が作用してシートははためいてしまい，一定の条件に保つことは難しい。ことに巻き込み放電では，放電の発生は不安定である。

　巻き込み放電の実験は，試料シートのループの外側に帯電させた場合と，内側に帯電させた場合の両方について行った。実験装置の基本形は，図5.7（105頁）と同じである。巻き込みローラの直径は40mmである。シート材料のポリエチレンテレフタレート，シートの移動速度，実験室の温度と湿度は，剝離放電の研究の場合と同じである。

　図5.15に放電光の写真を示しておこう。放電チャンネルのたどる経路はいろいろあり，円筒から数十mm離れたところでも起きる。シート上の放電光も数十mm以上も伸びることがある。

　巻き込み放電の電流パルスの電荷量は，だいたいのところ10nC以下である。放電電流のピーク値は20〜200mAで，放電の立ち上がり時間は20nsであるから，放電電流の立ち上がり速度（電流の時間微分）は10^6A/s程度以上で，相当に速い。剝離放電の電流の立ち上がり速度もこれと同等と考えられる。電流の上昇速度di/dtが大きいと，誘導ノイズのもととなる。剝離放電や巻き込み放電がマイ

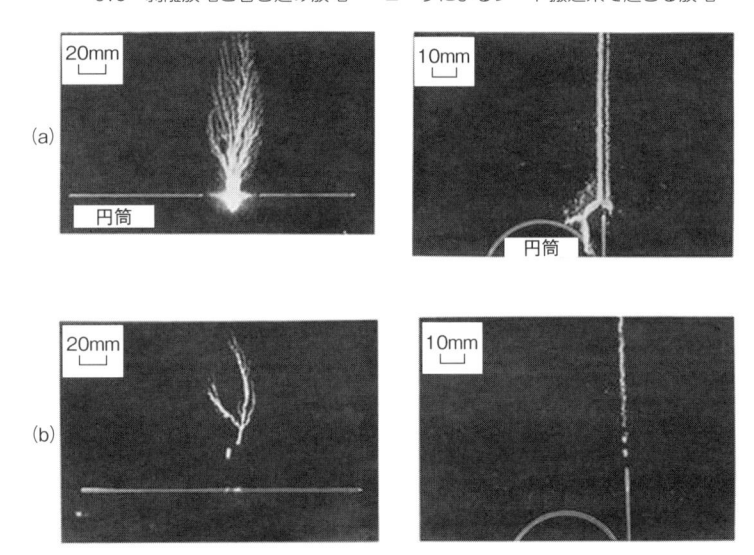

図 5.15 巻き込み放電光（負帯電）
シートと円筒の接線，シート面と円筒面を白インキで記入してある。

クロエレクトロニクス機器のそばで起きた場合，障害や事故が起きる可能性がある。第 2 章〈事例 16〉で紹介したように，プラスチック・カバーをはがしただけで電子機器が壊れる可能性があるわけである。

剥離放電，巻き込み放電研究に対してしばしば受ける質問に，ここで答えておこう。

ⅰ）シート材料の種類によって，結果は変わるか。

　　シートの電気抵抗さえ大きければ，結果に大差はないであろう。シリコン・コーティングしたシートでも結果が変わらない一例を図 5.14 に示してある。ただし，表面に凹凸が多いと（マットにしたとか）放電に影響があるだろう。表面がマットであると，実際には帯電と放電は起きにくくなると考えられる（第 2 章〈事例 25〉参照）。

ⅱ）シート移動速度の影響はどうか。

　　放電過程は非常に速いので，シート移動の機械的速度が大きくなっても放

電自体は変わらない。しかし，実際にはシート速度が大きくなると，シートが波打ったりする効果が出てきて，実験結果は乱れる。

本研究で100mm/sという低い速度を用いたのは，この困難を避けるためである。

ⅲ）コロトロンでシートを強制帯電した本研究と，ローラーの回転だけで帯電する場合と，結果は違うか。

大筋としては同じである。電荷がシート外表面にあるか，内表面にあるかによって，放電の大きさ・伸びに影響があるだろう。

剝離放電と巻き込み放電は，シート両面の帯電，しかも不均一な帯電をもたらす。その結果は，シートや紙がローラなどにまつわりつくジャミングや，製品の不良につながる。一度両面帯電や不均一帯電をすると，これを除去するのは困難であり，厄介である。また，これらの放電は有機溶剤を使っている雰囲気では着火のもととともなる。シート状のものに限らずローラで物体を扱うときには，剝離放電や巻き込み放電が生じ得る。第2章〈事例25〉で紹介したICパッケージはその例である。ローラで物を扱うことは工場やオフィス，家庭の日常で数多くある。本節で述べた研究による知見が，剝離放電や巻き込み放電への対策に役立つことを希望する。

5.4 近づけ放電[24]

帯電したシートに接地物体が近づくと，放電が起きる。この近づけ放電は，帯電面の上を伸びる沿面放電である。近づけ放電の特徴は，帯電電荷が大きい場合，面に帯電した電荷が一度に全部放電することである。帯電面が長い場合には，数m以上の放電になる。

5.4.1 実験方法

モデル実験には**図 5.16**のような装置を用いた。直径130 mm の接地金属円板にポリエチレンテレフタレート・シートをはりつけて，上方に針電極を置き，針に直流高電圧を印加してシートに電荷を与える。シートは，接地金属板（背後電極と呼ぶ）があるところだけ，すなわち円形の領域だけ帯電する。この背後電極付シートは，電動ターンテーブルの上にのっている。帯電終了後にターンテーブルを動かして背後電極付シートをフィールドミルの下方まで移動し，帯電電位を測定する。さらにターンテーブルを動かして，背後電極付シートを直径16 mm の球電極の下方に移動する。接地した球電極がシート表面に近づいていき，放電が起きると接近は停止するようになっている。これら一連の過程は，すべて自動化されている。ポリエチレンテレフタレート・シートの厚さは，75～850 μm の範囲で 5 通りである。

測定としては，球電極から接地へ流れる放電電流パルスを記録し，放電光を撮影する。放電後にシートに二色粉を振りかけて，放電図形を観察する。この放電はかなり強いので，破裂音を伴う。また光も強いので，イメージインテンシファイヤを使わないでふつうのカメラで撮影できる。

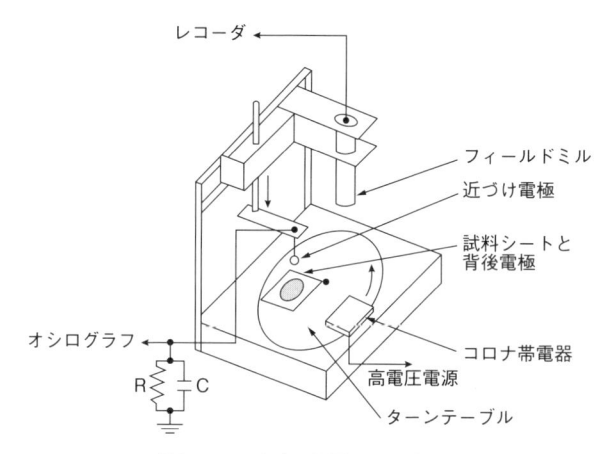

図 5.16 近づけ放電の実験装置

帯電電荷密度 σ が小さい場合，放電のシート面上の広がりは小さい。σ が大きくなると，放電は面上を長く伸びる。絶縁面上の沿面放電については長い研究の蓄積があり，このような2つの放電モードがあることがわかっている。ドイツ語で前者にポールブッシェル，後者にグライトブッシェルという名前がつけられている。球電極に高電圧を印加するのでなく，シートの帯電電荷によって起きる沿面放電における2つのモードの存在とその特性は，沿面放電研究の立場から見ると大変に興味深い。本書では静電気および静電障害防止の基礎となる事項だけを紹介するので，放電特性の詳細については筆者の研究論文[19-24]を参照されたい。

5.4.2 近づけ放電の特徴

近づけ放電のポールブッシェルの図形はほぼ円形で，その直径はおおよそ30mm以下である。近づけ放電のグライトブッシェルは，**図5.17**に示した粉図形のように，帯電したシート全面に広がる。その形状には枝分かれがあり，木の根状である。背後電極に対応する全面に広がらないで途中で止まるような例は存在

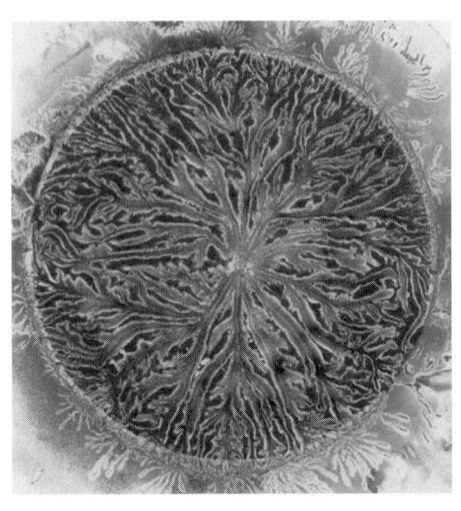

図5.17　130mmϕ の円いっぱいに広がった近づけ放電の粉図形（負帯電）（口絵1参照）

5.4 近づけ放電　119

しない。このように帯電面全部にいっぺんに広がるのが，静電気による近づけ放電のグライトブッシェルの特徴である。

　近づけ放電のグライトブッシェルのリヒテンベルク粉図形において，帯電極性による違いは目立たないが，正帯電のグライトブッシェルはシート面上を旋回しながら伸びる傾向がある。図 5.18 の放電光の写真では，球からシート面に放電路がブリッジしたあと，正帯電では"着地点"からシート面上に"の"の字を描くように放電路が回り込む。

　放電電流パルスの電荷，ポールブッシェルからグライトブッシェルに転換する

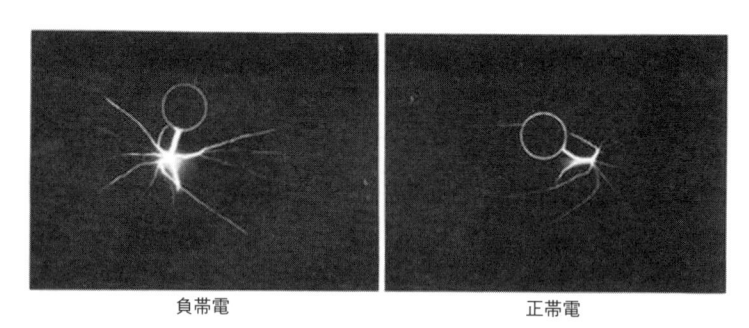

　　　　負帯電　　　　　　　　正帯電

図 5.18　近づけ放電の放電光（グライトブッシェル）
　　　球電極（直径 16mm）の位置は白インキで記入してある。

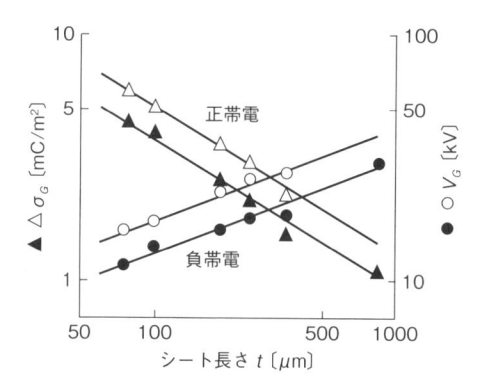

図 5.19　近づけ放電の最小グライトブッシェルが起きるときの
　　　シートの帯電電荷密度 σ_G と帯電電位 V_G

条件や，そのときのシートの帯電電荷密度 σ や帯電電位 V は，シートの厚さによって異なる。

図5.19 には，最小グライトブッシェルというべきものが起きるときのシートの帯電電位と帯電電荷密度を示した。帯電極性については，負帯電の方が正帯電よりもグライトブッシェルが生じやすい。シートが薄いと，グライトブッシェル発生のための帯電電位は低い。実際これは重要であって，**プラスチックの薄いシートや塗膜が金属をおおっている場合，たとえその帯電電位が低くてもグライトブッシェルを生じやすい**ということであり，これを看過すると危険である。

はじめに帯電シートに蓄えられていた静電エネルギー W に対して放電パルスの電荷 q_a をプロットすると，**図5.20** のようになる。背後電極の面積が S であると，

$$W = \sigma V S / 2$$

である。図5.20では，ポールブッシェルとグライトブッシェルとは，シートの厚さが広い範囲にわたって変化しても，帯電シートに蓄えられていた静電エネルギー W で分けられることがわかる。この実験の電極系の場合，負帯電で 0.2 J，正帯電で 0.3 J 程度からグライトブッシェルが起きる。

近づけ放電のとくにグライトブッシェルは，エネルギーが大きく，しかも立ち上がりが速い。図5.20に見られるように，近づけ放電の電流パルス1発の電荷も大きく，このモデル実験のポールブッシェルでは 0.1〜1μC，グライトブッシェルでは 10μC 以上で，75μm 厚ポリエチレンテレフタレート・シートの場合は約 100μC に達する。巻き込み放電の電流パルス1発の電荷が 10nC 以下であるから，比較して，近づけ放電はずっと大きい。

近づけ放電のグライトブッシェルは，背後電極上のシートの全面積に蓄えられた帯電電荷をほぼ全部中和するので大きいのである。近づけ帯電電荷がいっぺんに全部放電するので，帯電面が広ければ放電電流とその立ち上がり速度は大きくなる。近づけ放電のグライトブッシェルで帯電面全部が高速で放電するのを，次のように説明することができる。グライトブッシェルの放電チャンネルは導電性が高いので導体が延長されたようなものであるから，グライトブッシェルが伸びてもその先端と帯電面との間の実効電位差は低下しない。すなわち，近づけ放電

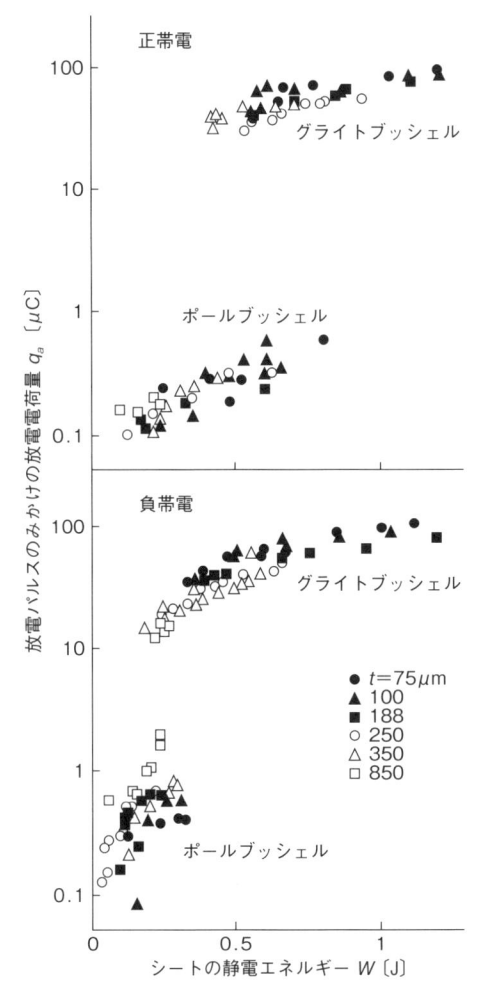

図 5.20 近づけ放電のポールブッシェルとグライトブッシェルは，放電電荷やシートに蓄えられていた静電エネルギーで分けられる。

のグライトブッシェル先端の電界はグライトブッシェルが伸びても変化しないので，帯電面いっぱいまで放電が短時間に伸びて広がるのである。これと対照的に，高電圧電極から起きる"ふつうの"沿面放電では，放電が伸びるにつれて放電チャンネル先端の電位は低下するので，放電の伸びはどこかで停止する。

近づけ放電のグライトブッシェルは，強化ガラスが割れるときにたとえることができる．ふつうのガラスでは割れ目が入って壊れるのに対し，強化ガラスでは小さな1箇所でも割れると，割れ目がガラス全面に広がって一瞬にして粉々に砕け落ちる．

背後電極をテープ状にして実験すると，1m以上の長大な放電が容易に起きる．したがって，**近づけ放電のグライトブッシェルはきわめて危険**である．放電電流の立ち上がり速度 di/dt が著しく大きいので誘導ノイズの原因となり，エネルギーが大きいので容易に着火・爆発の原因になる．絶縁シートが薄く，その面積が大きいと危険はさらに増す．金属製タンクなどにポリマー塗料を塗って石油系液体容器にするとちょうどこれに該当し，着火や爆発事故につながるおそれがある．また，1970年代前後に宇宙衛星の事故が多発したのもこの種の放電が原因であった．太陽電池の上に輻射保護用の薄いメタルバック・ポリマーシートをかぶせた（サーマル・ブランケットという）ので，di/dtの大きい放電が発生し，搭載エレクトロニクス機器が誘導ノイズで故障したのである．これらの事例については，第2章でも述べた．雷の雲間放電も近づけ放電と似ている．航空や軍事関係では，この種の放電による障害は大問題である．

5.5 メタル層を持つシートをはがすときに起きる放電

メタル層を持つサンドイッチ構造のポリマーシートを使って，これが重なったものを帯電させてからはがすと，シートの終端（最後にはがれる稜の断面）で放電が起きる．メタル層を持つシート（メタルバック・シート）はほぼ平行板コンデンサと同じであるので，シートの面積が大きいと，大容量のコンデンサに電荷を蓄えておいて放電するのと同じであり，大きな放電が起きる．

実験では，厚さ $50\mu m$ のポリエチレンテレフタレート層，アルミ薄膜，粘着層，両面にポリエチレンをコーティングした紙からなる多層構造のシート（合計厚さは約 $240\mu m$）を使った．シートの大きさは 320mm×240mm で，これを金属板

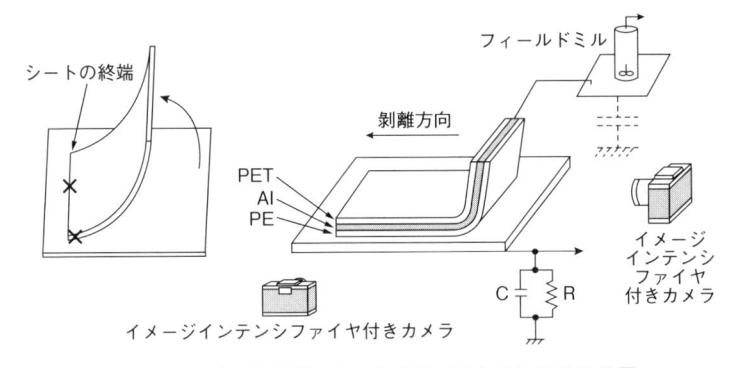

図 5.21 メタル層を持つシートをはがすときに起きる放電
×印のところで放電が起きる。

（接地電位にある）の上に置き，ボール紙で約 30 秒間こすって帯電させ，短辺を開口部となるようにして約 2 秒かけてはがした．実験のようすを**図 5.21** に示す．

　シートの帯電極性はポリエチレンテレフタレート面が上の場合は正，ポリエチレン面が上の場合は負である．アルミ層の帯電電位（絶対値）は，どちらの面が上でも約 200V であり，シートを金属板からはがすにつれて増大し，はがす最後に近づくと急激に上昇する．上昇したピーク値（絶対値）は約 900V であり，このときに放電すると推定される．これは，はがしていくとアルミ層の対地静電容量が減少し，最後にほとんどゼロに近くなるのであるが，電位は $v = q/c$ 則により，この静電容量に反比例して増大するからである．放電は，シートのアルミ層の短辺側切り口と金属板との間で起きる．

　シートを 2 枚重ねて，上記と同様にこすって帯電させ，上のシートだけをはがす実験も行った．シート面の裏表は 2 枚とも同じである．はがす途中での上側シートのアルミ層の電位は約 700V，下シートのアルミ層の電位は約 50V であり，極性は上側シートと下側シート同じで，1 枚のシートをはがす場合と同じであった．

　シートをのせた金属板と接地との間に，コンデンサと抵抗器を並列に接続したものを挿入して放電の電荷量を測定したところ，10nC 以上あった．次に挿入素子を 50Ω の抵抗器だけにして放電電流の波形を観測した．その結果を**図 5.22** に示す．放電電流ピーク値は約 2A であった．放電の立ち上がり時間は約 15ns であり，

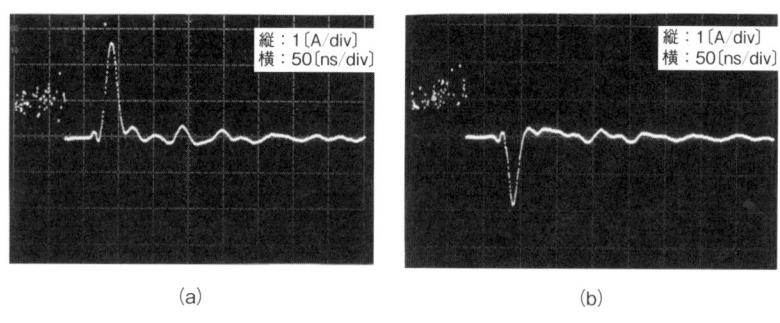

図5.22 メタル層を持つシートをはがすときに起きる放電の放電電流波形
(a) ポリエチレンテレフタレート面が上，(b) ポリエチレン面が上。

放電電流の立ち上がり速度 di/dt は 10^8 A/s 以上にもなる。雷電流の di/dt は 10^{10} A/s を越えるが，メタル層を持つシートをはがすときに起きる放電の 10^8 A/s も相当に大きな値である。

　シート材料を何枚も重ねて切断すると帯電することは，実際にふつうに起きる。モデル実験結果からわかるように，メタル層を持つプラスチック・シートが帯電していて，これをはがすとき，メタル層の電位はシートを重ねたままでは低くても，はがし終わるときには急上昇する。それゆえ，シートを取り扱う作業者がさわってショックを受ける可能性がある。このとき，メタル層の全面積に蓄えられた電荷がいっぺんに放電する（人体へ流れる）ので，人が受けるショックは大きい。放電電荷量で比較すると，この放電は近づけ放電よりは小さいが，巻き込み放電よりも大きい。放電電流が大きいので，可燃性雰囲気では着火・爆発の原因となるおそれがある。放電電流の立ち上がり速度 di/dt も大きいので，近傍に電子機器があると誘導ノイズで誤動作や破壊が起きる可能性がある。

　このように，**メタルバック・シートの帯電は危険である**。メタルバック・シートは静電容量が大きく，少々の帯電では電位が上昇しないので帯電が目立たないが，以上に述べたような危険がある。除電しようとしても，除電バーによる受動除電では電位が低いのでほとんど除電できない場合が多い。第3章に示したように，除電バーを用いても帯電電位は 1kV 以下にはなりにくいが，メタルバック・

シートはこの程度の帯電でも、はがしたときに人体へのショック、着火・爆発、誘導ノイズといった問題を起こし得る。能動除電を採用した場合は、広いメタル層が擬似接地として作用して、むしろシート表面に逆極性の極性の電荷を与える結果になってしまうおそれがある。

5.6 薄いシートやメタルバック・シートと静電気の危険性

静電気の立場から見ると、**接地上の薄い絶縁シートや膜、メタルバック層を持つ絶縁シート自体が危険**に見える。こういったシートや膜がいったん帯電すると除電は困難である。帯電しても目立たないが、前節のモデル実験でも示したように、大きなエネルギーで放電するので害も大きい。薄いシートや接地板構成はなるべくなら避けたい。しかし実際には、石油タンクの塗装や宇宙衛星の太陽電池のサーマル・ブランケットなどに薄いプラスチック層は便利に使われる。これを使うなと言うのは無理であろうが、静電気放電の重大な危険があるかもしれないということを念頭に置いてほしい。こういう意識があるだけで、大きな事故の確率はずいぶん変化すると思われる。

第 **6** 章

マイクロエレクトロニクス と静電気

6.1 過電圧に弱いマイクロエレクトロニクス

　静電気や静電気放電の"被害者"である電子機器・素子は，異常電圧にどれくらい弱いのであろうか．電子回路が真空管で構成されていた昔は，回路の直流電源電圧はおおよそ 250V であった．回路がトランジスタ化されてからは，これが 5～20V 程度と，1/10 以下になった．その分だけ過電圧（異常電圧）に弱くなっただけでなく，トランジスタほか半導体は過電圧で永久破壊することが多い．真空管回路では過電圧で動作に障害が起きても電子回路としてはたいてい健全なまま残るが，半導体の場合は永久破壊する．

　現代のマイクロエレクトロニクスは，静電気などによる過電圧に非常に弱い．コンピュータはますます高速化し，クロック周波数も高くなる一方である．最近はコンピュータの電源電圧は 2V とか 3V になってきたから，ますます過電圧に耐えなくなっている．高速化とは 1 回のデジタル演算のエネルギーを小さくすることであるから，過電圧ノイズに対して弱くすることにほかならない．このトレンドは決して後戻りしないであろうし，光素子による回路を使用すれば話は別であるが，将来も状況は深刻になる一方であろう．

　マイクロエレクトロニクス素子のうちでとくに過電圧に弱いものと言えば，CMOS トランジスタである．最近は，5V に満たない瞬時電圧で破壊するマイク

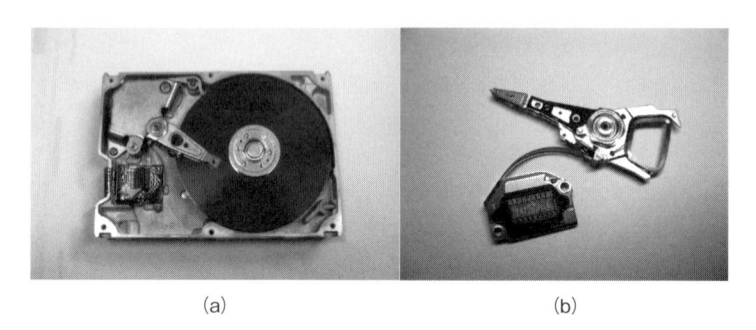

図 6.1　ハードディスク (a) と GMR ヘッドおよびホルダ (b)

ロエレクトロニクス素子がある。0.8Vで劣化する素子もある。ハードディスク読み取りを磁気抵抗効果で行うGMRヘッド（**図6.1**）も過電圧に敏感であるので，種々の対策がなされている。従来は静電気の電位・電圧を測定するときには測定器の応答速度を問題にしなかったが，瞬時電圧の最大値（ピーク電圧）を正確に測定することが要求がされるようになったのである。これに対処するには，過電圧の波形を観測し，電位計にも応答速度の速いものを使用しなければならない。

6.2　歩行に伴う人体の電位の上昇と振動

　歩行によって人体の電位は上昇し，しかも1歩の動作中に電位は振動する。足踏み歩行の場合であるが，人体の帯電を**図6.2**のような装置で実測した。人体の電位を測定して電位計に表示させるだけでなく，電位の変化する波形をオシログラフで観測した。ポリプロピレン材質のカーペットの上で作業靴（靴底は合成ゴム）をはいた人体が足踏みしたとき，人体は正に帯電した。**図6.3**に示すように，人体の電位は歩数とともに振動しながら上昇していく。上昇は次第にゆるやかになっていくが，ピーク値は2kVを越える。

　図6.4は，1歩のうちの人体の電位の変化である。1歩のうちに数百Vの振動がある。この人体の電位 v の振動は，歩行中の脚や腕の動きに伴って人体の対地

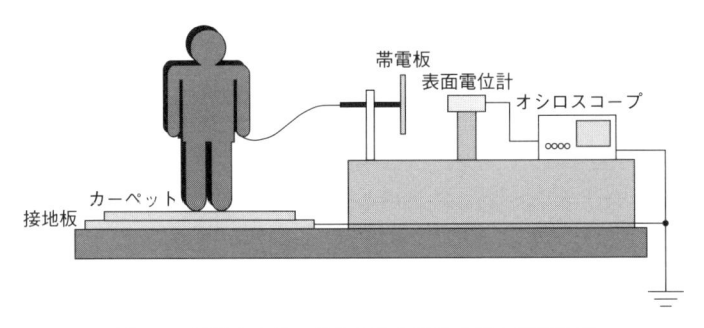

図6.2　足踏み歩行に伴う人体の電位上昇の測定装置

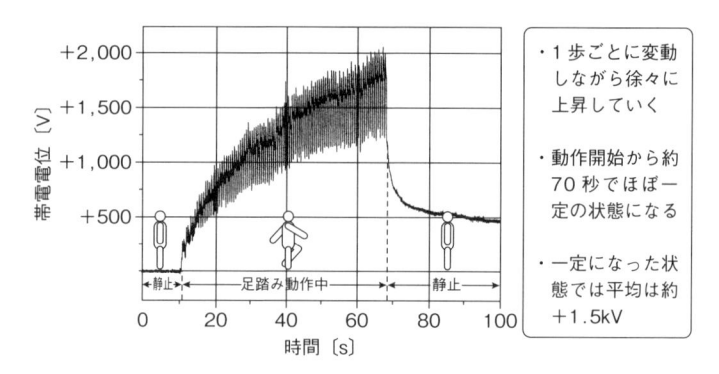

図6.3 足踏み歩行に伴う人体の電位上昇

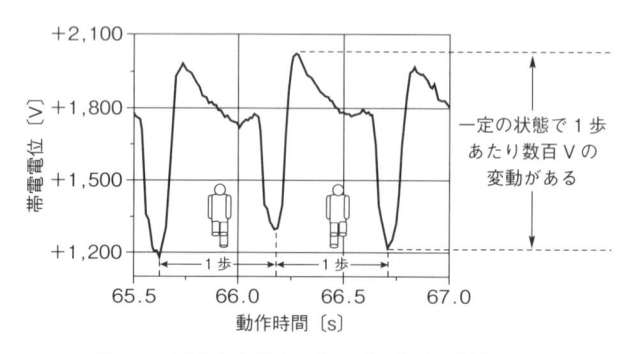

・1歩ごとに変動しながら徐々に上昇していく
・動作開始から約70秒でほぼ一定の状態になる
・一定になった状態では平均は約+1.5kV

図6.4 足踏み歩行の1歩の間の人体の電位上昇

一定の状態で1歩あたり数百Vの変動がある

静電容量 c が変化して生じる。人体の帯電電荷 q と v, c の間には $q = cv$ 則が成り立つので，$v = q/c$ である。手や脚が上がった瞬間には，人体の対地静電容量 c が小さいから，人体の電位 v は高くなる。1歩の歩行に要する時間はおおよそ1sであるが，電位の振動には5Hz付近までの高い周波数成分がある。

　市販の電位計は，図6.3のような信号に対しては平均値を示すものが多いので，瞬時値のピークよりも低い値を指示する。たとえ電位センサと増幅器の応答特性が速くても，デジタル表示のサンプリングの関係で，図6.3のような信号の瞬時ピークを指示することはできない。瞬時ピーク値を知るには，オシロスコープなどで振動波形を観測する必要がある。歩行に伴う人体の電位測定に平均値指示形

測定器を使う場合は，指示値よりも大きい瞬時値があると考えるべきである。

電圧の平均値でなく瞬時値が数Vで壊れてしまうような素子を扱う場合，このような危険を過小評価しないように注意する必要がある。

6.3　人体などの移動に伴い静電誘導によって生じる電圧

帯電した物体が電子機器に接触する（または接触寸前まで近づく）ときに起きる放電とこれによるノイズについては，いままでに研究が発表されている[25]。ツールワゴンが電子機器やコンピュータにぶつかったり，人がキーボード操作したりする場合である。

これとは違って，図2.10（42頁）のように帯電した人体（または物体）がこれら機器のそばを接触せずに通りすぎるときに，静電誘導により機器内に電圧が現れ，機器の電子回路・素子の誤動作や破壊が起きる可能性がある。筐体内の電子回路・素子には導電性の部分が必ず2つ以上あり，これら2つの導電性部分には帯電物体が通過する間に静電誘導による電位に相当の差が生じる瞬間がある（第2章〈事例22〉参照）。

マイクロエレクトロニクス素子では，過電圧の瞬時値で誤動作や破壊が起きるので，この電位差によって障害や事故が発生する可能性がある。本節では，この問題についてのモデル実験について述べる。このトピックについての先行研究は見当たらない。

6.3.1　実験方法

モデル実験では，高さ170mm，幅290mm，奥行き350mmの金属筐体の前面開口の前を，縦400mm，横300mmの金属板を通過させた。金属板には，人体などの帯電物体に見立てて直流高電圧（±20kVまで）を印加してある。実験装置を図6.5と図6.6に示す。筐体開口前面における金属板の通過速度は，歩行速度と同等の約1m/s程度である。金属板駆動を電動とすると電磁ノイズを生じて測

132　第6章　マイクロエレクトロニクスと静電気

図 6.5　帯電物体の移動に伴い静電誘導によって生じる電圧の実験装置の写真

定を乱すおそれがあるので，傾斜レールに沿って金属板が動くようにしてある。この移動金属板に向かい合うように，筐体内に図2.11と同様の静電誘導板を配置する。**図 6.7** に示すように，この静電誘導板のアルミテープは面積 $3,150\mathrm{mm}^2$ のセクタ2つからなり，小さな球ギャップがついている（球の直径は10mmで，ギャップ長は可変）。

　筐体内の静電誘導板のそばにEMIロケータを置く。EMIロケータが警報音を発すれば球ギャップで放電したのであるから，そのときの球ギャップ長が既知であればこれを静電誘導板のセクタ間の電位差に換算できる。空気中の球ギャップについてギャップ長が何mmのとき何Vで放電するかは決まった値がわかっていて，パッシェン電圧とかパッシェン曲線とか呼ばれている（1.7節参照）ので，これによって換算できる。

　もし，静電誘導板のセクタ間の電位差を測定するのに計測器へのリード線をつなぐと，電荷がリークするおそれがあり，筐体からリード線を出すとこのリード線を伝わってノイズが筐体内に侵入して測定を乱す。そこで，球ギャップとEMIロケータを組み合わせて，完全非接触測定（電気接続線はいっさいつながない）を実現したのである。

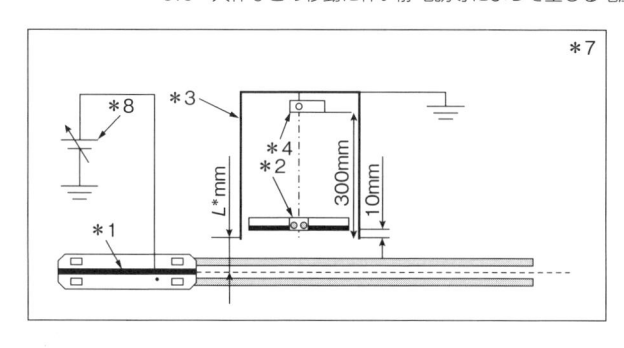

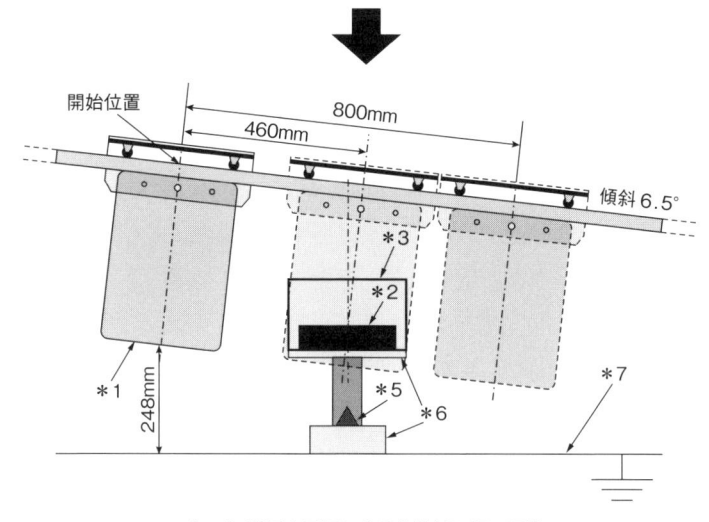

6.3 人体などの移動に伴い静電誘導によって生じる電圧　　133

図6.6　電物体の移動に伴い静電誘導によって生じる電圧の実験装置の概略図

L^* [mm]：課電金属板と金属筐体前面間の距離

＊1：課電金属板　　　＊5：ガイドレール
＊2：静電誘導板　　　＊6：アクリル板
＊3：金属筐体　　　　＊7：接地板
＊4：EMIロケータ　　＊8：直流電源

6.3.2　測定結果

　測定では，静電誘導板セクタの1つを接地した場合と，セクタを両方ともどこにも接続しない場合（浮動電位状態）の2通りを行った。静電誘導板アルミテー

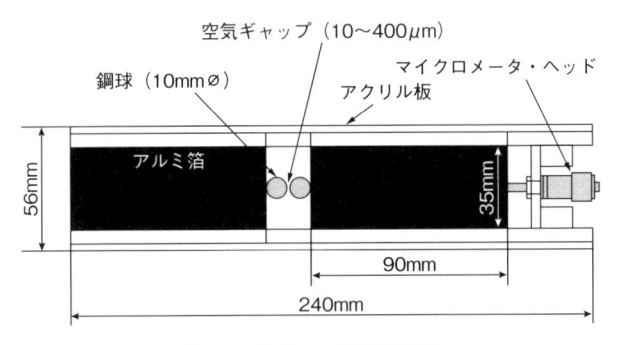

134 第6章　マイクロエレクトロニクスと静電気

```
            空気ギャップ（10～400μm）
    鋼球（10mmØ）    マイクロメータ・ヘッド
              アクリル板
    ┌──────────┬──┬──────────┬─┐
56mm│  アルミ箔  │  │          │35mm
    └──────────┴──┴──────────┴─┘
                  ←──90mm──→
           ←──────240mm──────→
```

図 6.7　使用した静電誘導板

プ面は筐体前面開口から 10mm 奥にあり，筐体前面開口と移動金属板との距離 L を 10～100mm の範囲で変えた．このようにして測定した筐体内の静電誘導板セクタ間電位差は，約 300V～2kV の範囲にある．この電位差は，L が小さいほど大きくなり，セクタ片側接地では両セクタ浮動電位の場合よりも大きい．

　測定した静電誘導板セクタ間電位差と移動金属板印加電圧との比を，この筐体への"電圧侵入率"として定義する．電圧侵入率の意味は，たとえばもしこれが 10% ならば，15kV の人体が通過すると金属筐体（前面は開口）の中に 1.5kV の電圧が生じるということである．測定結果から得た電圧侵入率を**図 6.8**に示す．電圧侵入率がセクタ片側接地では両セクタ浮動電位の場合の 1.5～2 倍であることがわかる．"電圧侵入"は，帯電物体の極性には依存しない．静電誘導板を筐体内の奥に置けば，電圧侵入率は低下する．

　図 6.8 の電圧侵入率対 L 特性は直線で表されるので，これを補外して，10kV の帯電物体が筐体内に 10V を誘導する（侵入率 0.1% に相当する）距離 L を求めると，セクタ片側接地では 160mm，両セクタ浮動電位の場合は 260mm になる．これは，筐体内の電子回路・素子の耐過電圧が 10V であるとすると，10kV に帯電した人体や物体が筐体前の 160mm か 260mm 以内を通過すれば誤動作や破壊が起きることを意味する．マイクロエレクトロニクス素子には瞬時電圧 3V で破壊するものもあり，人体は 20kV まで帯電するから，このような事故があってもふしぎではない．第 2 章〈事例 22〉で紹介した放送スタジオでの電子スイッチの誤

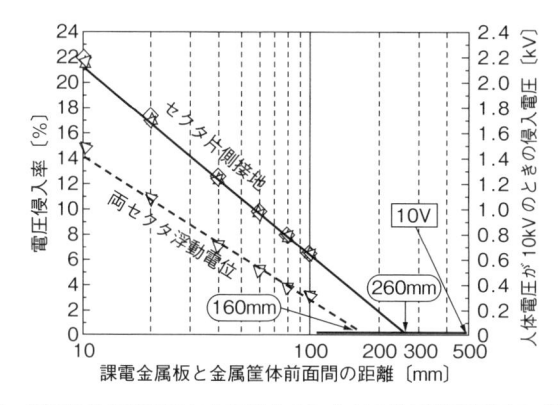

図 6.8 帯電物体の移動時に金属筐体内に生じる静電誘導電圧の"侵入率"

動作は，その例である。

電圧侵入率がセクタ片側接地の場合，両セクタ浮動電位の場合の 1.5～2 倍であることにも注目してほしい。電子回路を接地するよりも浮動電位に置いた方が安全であることは，電子回路専門家にとっては常識であるが，一般の電気技術者にとっては理解しにくいかもしれない。電線ペアとか 2 つの導体部分の片側を接地すると，異常電圧が侵入した場合，非接地の電線・導体に異常電圧がフルに現れる。これに対し，電線・導体部分が両側非接地であると，両側の電位が異常電圧に従って浮動し，電線間・導体間に大きな過電圧は生じないのである。読者は，よく考えてこれを理解してほしい。静電誘導による電圧侵入に限らず，電磁ノイズ・EMC 問題において，この原理をうまく利用できる場合があるはずである。

6.4　ケーブルを電子機器に接続するときの静電気問題

LAN ケーブルのコネクタ・プラグを LAN 機器のレセプタクルに接続するだけで機器の誤動作や破壊が起きることが問題になっている[26]。ケーブル布設中にケーブルの絶縁被覆や保護外被が帯電して，その結果として心線に現れた電位が接続時に機器に侵入するのが原因であるとされている。こういう問題は LAN ケー

ブルに限らず起き得るが，LANケーブル独自の状況もあると思われる。

6.4.1　LANケーブルとその使用の特徴

　LANケーブルとしては，UTPケーブルと呼ばれるものがよく使われる。これはunshielded twisted-pairの略で，4組のツイスト・ペアの外側に保護外被がある。ふつうはこのケーブルの接続に透明なRJ-45コネクタを使う。シールドとして外被の内側にアルミ箔を巻いたSTP（shielded twisted-pair）ケーブルもある。

　実験研究で試料としているLANケーブルの場合，1本の被覆線の外径は約0.9mmであり，心線は約0.4mmϕ（24AWG）の銅の単線で，絶縁被覆はポリエチレンで厚さは約0.25mmである。これを2本ツイストしたものが4組入っている。外被は厚さ約0.7mmの耐燃性ポリエチレンで，ケーブル全体の外径は約5.7mmである。

　UTPケーブルにはシールドがないので，このケーブルで接続される電子機器の回路（signal ground）は，電子機器側で接地されていない限り，接地に対して浮動電位にあることになる。

　このプラクティスは，従来の電子機器の常識から見ると変わっている。前節に見たように，電子機器の回路（signal ground）が接地されていないということは，回路のうちでもっとも弱い信号入力部分にノーマル・モードのノイズが現れにくい（前節の浮動電位の場合と同じである）から，この意味で安全であり，コネクタ着脱時に接地ピンと信号ピンのどちらが先に続あるいは断になるかという問題を回避できる（一般に電子機器の接続は，接地ピンを先に，信号ピンをあとに続にすべきで，電子機器の接続をはずすときには，逆に信号ピンを先に断にする。オーディオ装置でこの順番が逆になって"ギャー"と鳴る経験をした読者もいるであろう。この順番をまちがえると，大電力・高電圧の場合，接続作業者が感電して死ぬこともある）。

　しかし逆に，UTPケーブル着脱事象では，ケーブル他端にはすでに機器が接続されていて，この機器の回路（signal ground）は接地されていることもあり得る。あらたに接続される機器の回路も接地されていることもあり得る。したがって，あ

り得るさまざまな場合を想定すると，シールドのないUTPケーブルによる接続は安全であるとも言えるし，むしろ危険であるとも言える。

今日ではパソコンを携帯して使うことが多く，このような場合には大地に接地することはない。デスクトップ形パソコンであっても，家庭では接地できることはむしろまれであろう。この文脈では，UTPケーブル使用は合理的であると言える。

しかし，パソコンにはLANケーブル以外にもプリンタなどが接続され，これらの機器の接地状態によっては問題が起き得る。接地していない電子機器であっても，その金属部分総体の面積が大きいと，擬似大地（電波に対するカウンターポイズと同じ）として作用する。すなわち，これが浮動電位ではなく，電位を固定する作用をする。

このように，LANケーブルコネクタの着脱をめぐる問題には考慮すべきファクタが多く，場合の数が多い。これらのファクタをときほぐして問題を解決するのは容易なことではないと思われるが，非常に興味深いトピックである。

以下，まずLANケーブルに限らず起き得る問題として，ケーブル布設に伴う帯電によって心線に現れる電位の測定について述べる。

6.4.2　LANケーブルなどの布設に伴う帯電によって心線に現れる電位

ケーブル布設の状況

ケーブルは布設中にさまざまな取り扱いを受ける。ドラム・リールに巻いてあったケーブルは，床下や天井やダクトに伸ばされ，垂直に立ち上がったりして，機器の場所まで到達する。その前か後かにコネクタ・プラグが装着される。ケーブルは作業員によって握られたり，踏まれたりする。こういった過程で心線導体に相当の電位が現れる可能性がある。また，最近のフリーアクセス・フロア（床を二重にしてコンピュータや通信用のケーブルを布設してある）では，ケーブル外面と接地との間の静電気容量は小さくなりがちである。それゆえ，ケーブル外被

が帯電した場合，$q=cv$ 則により，ケーブル外被の帯電電位は高くなる。心線導体の電位が外被の電位の影響で大きくなることもあるだろう。コネクタ・プラグ操作時に，この心線導体の電位が電子機器の障害や破壊のもとになることがある。

こういった布設の過程でケーブルが経験するアクションを，次のように整理することができる。

ⅰ) 曲げられる。
ⅱ) 床・壁などでこすられる。
ⅲ) 人が手で握る。

布設後のケーブルはたいていの場合，接地板にのっているとは想定しにくく，接地からは離れていると考えてよいであろう。

ケーブルの分類

LAN ケーブルほか通信ケーブルには非常に多くの種類があるが，次のように大別できるであろう。

ⅰ) 多心かどうか（多心の場合は，フラット構成かどうかという分類の必要がある）。
ⅱ) ツイスト・ペアであるかどうか。
ⅲ) シールド網があるかどうか，あるいは接地線が添えてあるかどうか（多心の場合は，それぞれのシールド網か，一括シールドかという分類の必要がある）。
ⅳ) 絶縁被覆の材料。
ⅴ) 保護外被があるかどうか。

心線に電位が現れるかどうかにもっとも影響するのはⅲ) であろうが，LAN ケーブルはツイスト・ペアであり，UTP ケーブルであるとシールド網はない。

コネクタ接続時の状況

接地付のコネクタでは，ふつうは，プラグを差し込むときには接地線が先に接続され，プラグを抜くときには接地線が最後に離れる。接地なしのコネクタであ

ると，多心ケーブルのどの導線が先に接続されるかで場合が分かれる。

機器のどの電子回路につながるケーブルであるかによって，コネクタ着脱時の危険性は異なる。言うまでもなく，CMOS トランジスタなどが存在する入力回路がもっとも過電圧に弱い。

コネクタを差し込んだり抜いたりするときには，人が手で握っていると考えられる。作業者が素手で握るか手袋をしているか，人体（作業者）が帯電しているかどうかなどで条件が変わる。

機器の状態にもいくつものパラメータがある。接地端子が大地に接続されているか，電源の AC プラグはコンセントに挿入されているかどうか，AC 電源コードは接地線付（三端子）かどうか，AC 電源の接地端子が電子機器の筐体（frame ground）に接続されているかどうか，機器は動作状態（電源 ON）かどうかなどである。

さらに，ケーブルの他端に機器がすでに接続されているかどうかという点がある。接続されているならば，他端の機器の状態に応じて，場合の数が増える。

モデル実験

心線と絶縁被覆だけからなる比較的単純な電線で，モデル実験を行った。試料電線は次の 3 種で，長さは 500mm である。

ⅰ）半透明ポリエチレン 8kV 用電線，外径約 3.8mm，被覆厚さは約 1.5mm，心線は $0.15\text{mm}\phi$ すずメッキ銅のより線で計約 $0.8\text{mm}\phi$。

ⅱ）半透明ポリエチレン 4kV 用電線，外径約 2.4mm，被覆厚さは約 0.8mm，心線は $0.15\text{mm}\phi$ すずメッキ銅のより線で計約 $0.8\text{mm}\phi$。

ⅲ）青色塩化ビニル電線（17-1712），外径約 3.2mm，被覆厚さは約 1mm，心線は銅のより線で外径約 1.2mm。

試料の心線と作業者人体を一度接地して除電してから，次のような 3 通りの測定を行った。

(a) 手（素手）で試料電線を 1 回だけ曲げる（もとのようにまっすぐ伸ばすことはしない）。

(b) 床材（ポリプロピレン素材のマットのユニット）で試料電線を1回だけこする。

(c) 手（素手）で試料電線を1回だけこする。

　図 6.9，図 6.10 は，(a)と(b)の心線電位を高入力抵抗の電圧計で測定した結果である。電線を曲げたときには＋1〜2V，床材でこすったときには－5〜－10V の

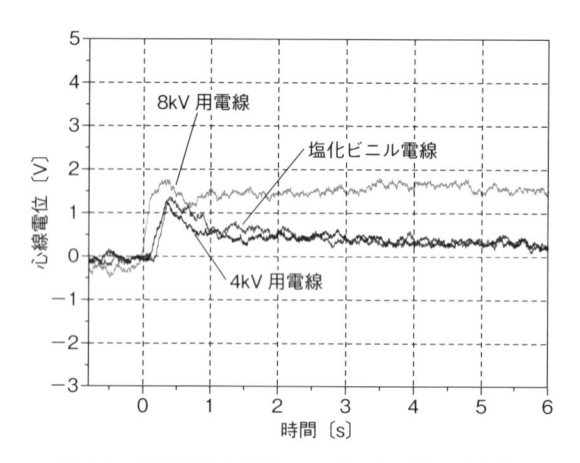

図 6.9　被覆電線を曲げたときに心線に現れる電位

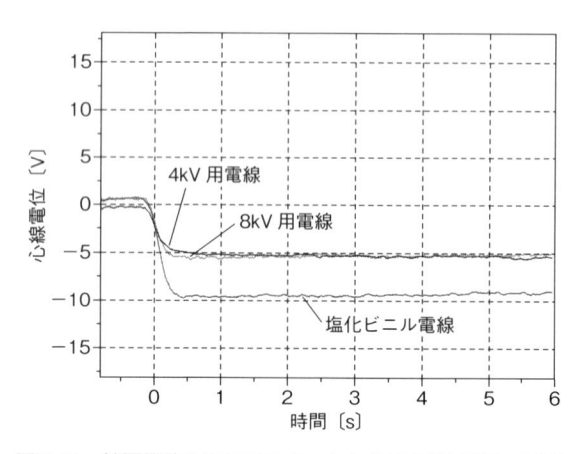

図 6.10　被覆電線を床材でこすったときに心線に現れる電位

電位が生じた。(c)の電線を手でこすった場合にも，数 V～10V の電位が現れた。これらの電位は，数秒間以上持続する。

ファラデー・ケージを用いて，試料電線の帯電電荷を測定した。(a)，(b)を行った前後で，1/20～数 nC の帯電電荷の変化があった。

この実験から，**電線を曲げただけで心線に電位が生じる**ことがわかった。電線をこすると，ずっと大きい電位が現れる。

試料電線と人体を除電しないで実験すると，手で電線を握っただけで 20V を越える電位が心線に生じる。

ケーブル布設やコンピュータ設置などの実際の場面では，ケーブルを床にこすりつけられたり，手でしごかれたりすることがくりかえされるから，**心線に電位が現れてケーブル接続時にマイクロエレクトロニクス機器の障害や事故に至る可能性がある。**

ケーブル布設・接続，帯電，障害といったトピックは，いまホットな問題である。筆者の研究もまだ緒についた段階であり，結果が出次第，学会などに発表していきたい。

参考文献

[1] 高橋雄造,『電気の歴史 —人と技術のものがたり』, 東京電機大学出版局, 2011 年.
[2] 上田實,『静電気の事典』, 朝倉書店, 1988 年.
[3] 静電気学会,『新版 静電気ハンドブック』, オーム社, 1998 年.
[4] 村田雄司,『静電気の基礎と帯電防止技術』, 日刊工業新聞社, 1998 年.
[5] 二澤正行,『図解 静電気管理入門』, 工業調査会, 2004 年.
[6] 内藤勝次,『電気安全工学』, 有峰書店, 1978 年, 第 6 章.
[7] J. M. Meek and J. D. Craggs (eds.), *Electrical Breakdown of Gases*, Wiley, Chichester, 1978, p.539.
[8] 河村達雄, 河野照哉, 柳父悟,『高電圧工学 (3 版改訂)』, 電気学会, 2003 年.
[9] 小野雅司, "人体の帯電危険とその防止",『静電気学会誌』, 15 巻, 1991 年, 125-133 頁.
[10] 殿谷保雄, "静電気障害対策の実践的方法",『電気学会論文誌 A』, 117A 巻, 1997 年, 911-914 頁.
[11] 殿谷保雄, 渡辺耕士, 本田昌實, "フリーアクセスフロアから発生するインパルス性静電気放電ノイズの伝播特性",『静電気学会講演論文集』, 1995 年, 3aD6.
[12] 今井力, 門永雅史, "複写機技術の最近の動向",『電気学会論文誌 A』, 118A 巻, 1998 年, 313-318 頁.
[13] R. M. Schaffert, *Electrophotography*, Focal Press, London, 1965.
[14] Harry J. White, *Industrial Electrostatic Precipitation*, Addison-Wesley, Reading, 1963.
[15] 小野雅司, "静電気植毛技術の基礎と植毛装置",『静電植毛技術』(中小企業技術者短期講習会テキスト), 東京都立工業技術センター, 1995 年, 13-23 頁.
[16] 殿谷保雄, 山本克美, 橋本欣也, 牧野晃浩, 木崎勝, "回収ペットボトルフレークの静電選別技術の開発",『静電気学会講演論文集』, 1998 年, 29aC10.
[17] Yuzo Takahashi, and Masakuni Chiba, "Polarity-sensing methods for field mills without phase-sensitive detection", *J, Sci,. Instrum.* Vol.19 (1996), pp.705-707.
[18] Yuzo Takahashi, "Two hundred years of Lichtenberg figures", *Journal of Electrostatics*, Vol.6 (1979), pp.1-13.

[19] 大熊康典，本間弓子，高橋雄造，"ローラ帯電と帯電ムラ ─ 電子写真のための基礎研究"，『日本画像学会誌』，42巻，2003年，209-214頁．
[20] Yuzo Takahashi, Shigeo Kobayashi, and Takeshi Sakakibara, "Mirror image relation between positive and negative figures on the dielectric surface in silent discharges", *Journal of Electrostatics*, Vol.14 (1993), pp.117-120.
[21] Xianggang Ji, Yuzo Takahashi, Yutaka Komai, and Shigeo Kobayashi, "Separating discharges on electrified insulating sheets", *Journal of Electrostatics*, Vol.23 (1989), pp.381-390.
[22] Yuzo Takahashi, Hiroshi Fujii, Seiji Wakabayashi, Takafumi Hirano, and Shigeo Kobayashi, "Discharges due to separation of a corona-charged insulating sheet from a grounded metal cylinder", *IEEE Transactions on Electrical Insulation*, Vol. EI-24 (1989), pp.573-580.
[23] Yuzo Takahashi, Hiroshi Kawai, and Shigeo Kobayashi, "Discharges that occur when an electrified insulating sheet is rolled-up onto a grounded metal cylinder", *Journal of Electrostatics*, Vol.32 (1994), pp.173-182.
[24] Yuzo Takahashi, Hitoshi Sumida, Hiroyuki Fukai, Xianggang Ji, Shigeo Kobayashi, "Discharges that occur when a grounded object approaches an electrified insulating suface", *Journal of Electrostatics*, Vo.24 (1990), pp.185-196.
[25] M. Honda and T. Kinoshita, "New approaches to indirect ESD testing", *EOS/ESD Symposium Proceedings*, EOS-17, 1995, pp.86-89.
[26] *Category 6 Cabling : Static discharge between LAN cabling and data terminal equipment*, Telecommunication Association, December 2002 ; *Cable Discharge Event in the Local Area Network Environment* (White Paper), Intel, July 2001.

図 版 出 典

表 1.1　村田雄司,『静電気の基礎と帯電防止技術』, 日刊工業新聞社, 1998 年.
表 2.1　小野雅司氏提供.
表 2.2　小野雅司氏提供.
表 2.3　小野雅司氏提供.

図 1.1　村田雄司,『静電気の基礎と帯電防止技術』, 日刊工業新聞社, 1998 年.
図 2.3　村田雄司,『静電気の基礎と帯電防止技術』, 日刊工業新聞社, 1998 年.
図 2.4　小野雅司氏提供.
図 2.5　殿谷保雄氏提供.
図 2.6　殿谷保雄氏提供.
図 2.8　殿谷保雄氏提供.
図 2.9　殿谷保雄氏提供.
図 2.12　株式会社ネオシステム提供.
図 2.19　村田雄司,『静電気の基礎と帯電防止技術』, 日刊工業新聞社, 1998 年.
図 2.20　門永雅史氏提供.
図 2.21　R. M. Schaffert, *Electrophotography*, Focal Press, London, 1965.
図 2.22　小野雅司氏提供.
図 2.23　上田實,『静電気の事典』, 朝倉書店, 1988 年.
図 2.24　静電気学会,『新版 静電気ハンドブック』, オーム社, 1998 年.
図 2.26　上田實,『静電気の事典』, 朝倉書店, 1988 年.
図 2.27　殿谷保雄氏提供.
図 2.29　株式会社島津理化提供.
図 3.6　春日電機株式会社提供.
図 3.7　シシド静電気株式会社提供.
図 4.1　村田雄司,『静電気の基礎と帯電防止技術』, 日刊工業新聞社, 1998 年.
図 4.2　春日電機株式会社提供.
図 4.3　トレック・ジャパン株式会社提供.
図 4.4　村田雄司,『静電気の基礎と帯電防止技術』, 日刊工業新聞社, 1998 年.
図 4.6　株式会社島津理化提供.
図 4.7　株式会社石山製作所提供.
図 4.8　村田雄司,『静電気の基礎と帯電防止技術』, 日刊工業新聞社, 1998 年.
図 4.9　有限会社吉野計器製作所提供.
図 4.10　株式会社いすゞ製作所提供.
図 4.11　東栄電気工業株式会社提供.
図 5.1　浜松ホトニクス株式会社提供.

口絵 3　東芝科学館提供.
口絵 5　株式会社いすゞ製作所提供.

索　引

【あ】

アームストロング静電発電機 ………………… 56
イオンバランス ………………………………… 73
イメージインテンシファイヤ ……… 80, 95,
　　　　　　　　96, 99, 101, 103, 106, 117
エレクトロフォレティック・フォース … 11
エレクトロメータ ……………………… 90, 91
沿面絶縁距離 …………………………… 19, 72
沿面放電 ………… 16, 19, 20, 116, 118, 121
お化け …………………………………………… 51

【か】

界面活性剤 ………………………… 5, 7, 30, 84
拡散性領域 ………………………… 6, 33, 39
加湿器 …………………………………………… 31
過電圧 ……………………… 38, 128, 129, 131
極性 ……… 3, 4, 17, 51, 68, 77, 99, 100,
　　　　　　106, 108, 111, 113, 114, 120, 134
空気清浄機 ……………………………………… 60
グライトブッシェル ……… 20, 21, 118, 119,
　　　　　　　　　　　　　　120, 121, 122
グラディエント力 ……………………… 9, 10
クーロン力 ……… 11, 26, 30, 77, 114
交流除電器 ……………………………………… 73
コロトロン ………………………… 59, 71, 72, 106
コロナ開始電圧 ………… 68, 69, 72, 79, 80
コロナ風 ……………………………………… 74
コロナ放電 ……… 15, 16, 18, 19, 60, 68,
　　　　　　　　　72, 73, 74, 78, 79, 80
コロナ放電光 …………………………… 71, 81

【さ】

最小着火エネルギー …………………………… 53
自己放電式除電器 ……………………………… 77

【は欄】

湿度計 …………………………………… 93, 94
受動除電 ……………………… 75, 77, 88, 124
ショック ……………………… 36, 124, 125
除電 ……………………… 55, 68, 77, 82, 83, 88
除電電極 ………………………………………… 73
除電バー ……………………… 77, 78, 79, 80, 81, 82
親水性 …………………………………………… 8
心線 ……………… 135, 137, 138, 139, 140, 141
人体 ……………… 55, 124, 125, 129, 130,
　　　　　　　　　　　　　　　　　131, 134
水分 ……………… 6, 7, 8, 31, 51, 55, 84, 92
スタティックマーク ………………………… 49
静電植毛機 ……………………………………… 60
静電選別 ………………………………………… 63
静電誘導 ……… 10, 29, 41, 42, 43,
　　　　　　　　　　　　　　131, 132, 135
静電誘導電圧 ……………………………… 135
静電誘導板 ………………… 132, 133, 134
絶縁性液体 ……………………………………… 53
絶縁物 …………………………………………… 18
絶対湿度 ………………………………… 6, 31
相対湿度 ……………………… 6, 7, 8, 31, 106
送風式除電器 …………………………………… 74
送風式除電電極 ……………………………… 74
疎水性 …………………………………… 7, 8

【た】

ダイエレクトロフォレティック・フォース
　　　　　　　　　　　　　　　　　10, 11
対地静電容量 ……… 45, 75, 76, 78, 82, 88
帯電電位 ……… 75, 76, 78, 86, 87, 88
帯電電位計 ……………………………… 82, 86
帯電電荷密度 ……… 87, 106, 107, 108,
　　　　　　　　　　　　　　　　　109, 120
帯電電荷密度測定 ……………………………… 86

帯電防止剤 ･････････････････････ 5, 30
帯電ムラ ･･････････････････････ 102, 103
帯電列 ･･･････････････････････････ 3, 30
帯電ローラ ･･････････････････････ 102
近づけ放電 ･･･････ 53, 116, 118, 119,
 120, 122
着火 ････････････ 52, 53, 122, 124, 125
超音波 ･･････････････････････ 21, 95, 96
ツイスト・ペア ･････････････ 136, 138
テフロン ････････････････････････ 90
電圧侵入率 ････････････････････ 134
電界 ･･････････････････････････････ 8, 9
電荷減衰特性 ･･････････････････ 92
電荷量測定器 ･･････････････････ 89
電気集塵機 ･････････････････････ 60
電気二重層 ･･････････････････ 82, 83
電気力線 ･･････････ 8, 9, 10, 12, 57, 58,
 60, 80, 82
電子写真 ･･････････････････････ 57, 101
東京都立産業技術研究センター ････ 32
トナー ･･････ 12, 57, 58, 59, 100, 101, 102

【な】

ノイズ ････････ 16, 18, 34, 35, 36, 37, 38,
 39, 40, 44, 46, 95, 99, 114,
 122, 131, 132, 135, 136
能動除電 ･････････････････ 72, 73, 75

【は】

背後電極 ･･････････････････ 21, 117, 118
箔検電器 ･･････････････････････ 91
爆発 ･･･････････････ 52, 53, 55, 122, 124
剥離放電 ･･････････････ 25, 38, 104, 105
剥離放電開始帯電レベル ･･･ 110, 111
パッシェン曲線 ･･･････ 16, 17, 111, 132
パッシェン電圧 ･･････････････････ 111
火花放電 ･････････ 15, 16, 17, 18, 19, 70
平等電界 ････････････････････ 8, 17, 18
ファラデー・ケージ ･････････････ 89
フィールドミル ･････････ 86, 106, 117
複写機 ････････････････ 59, 100, 101, 102
浮動電位 ･･････････ 41, 133, 134, 135, 136
不平等電界 ･･････････････････ 8, 9, 18
フリーアクセス・フロア ･････ 40, 137
分極 ･･････････････････････････････ 13
放電光 ････････ 71, 106, 107, 112, 114,
 117, 119
放電粉図形 ･･･････････････ 100, 106, 112
放電図形 ･･･････････････ 101, 103, 108, 112
放電電流の立ち上がり ･･･････････ 37
放電電流の立ち上がり速度 ･･･ 35, 98,
 114, 120, 124
放電の立ち上がり時間 ･･･ 36, 41, 114, 123
歩行 ･･････････････････････････････ 129
ポールブッシェル ･･････ 20, 118, 119,
 120, 121

【ま】

巻き込み放電 ･････････････････････ 38
摩擦帯電 ･･････････････････････････ 2
メタルバック・シート ･･･ 122, 124, 125

【ら】

リーク ･････････ 4, 5, 6, 7, 8, 33, 54,
 84, 86, 90, 91, 92
リスト・ストラップ ･･･････････ 47, 48
リヒテンベルク粉図形 ･･･ 51, 96, 99,
 100, 101, 103, 107, 119
リヒテンベルク写真図形 ･････ 21, 49
流動帯電 ･･･････････････････････ 53, 55
両面帯電 ･･････････････････ 82, 83, 88
レナード効果 ･････････････････････ 29
ローラ ･･････････････････････････ 103
ローラ帯電 ････････････････････ 102

【英　数】

EHD ･････････････････････････････ 11
EMC ･･････････････････････ 41, 99, 135

EMI ロケータ ……… 41, 44, 45, 46, 95, 132
LAN ケーブル ………… 135, 136, 137, 138
$q = cv$ 則 ………………… 25, 75, 87, 89, 90, 108, 138

【著者紹介】

高橋雄造（たかはし　ゆうぞう）

東京に生まれる。東京大学工学部電子工学科卒業。東京大学大学院博士課程修了，工学博士。中央大学勤務を経て，2008年3月まで東京農工大学教授。日本科学技術史学会会長。
1975-77年に西ドイツ（当時）アレクサンダー・フォン・フンボルト財団給費研究員としてミュンヘン工科大学に留学。91-92年に米国ワシントンDCのスミソニアン国立アメリカ歴史博物館に留学。96年，博物館学芸員資格取得。
専門は高電圧工学，技術史，博物館学。

著　書
『ミュンヘン科学博物館』（編著，講談社，1978年）
『てれこむノ夜明ケ―黎明期の本邦電気通信史』（共編著，電気通信調査会，1994年）
『ノーベル賞の百年―創造性の素顔』（共同監訳，ユニバーサル・アカデミー・プレス，2002年）
『岩垂家・喜田村家文書』（監修，創栄出版，2004年）
『博物館の歴史』（単著，法政大学出版局，2008年）
『お母さんは忙しくなるばかり―家事労働とテクノロジーの社会史』（訳，法政大学出版局，2010年）
『電気の歴史―人と技術のものがたり』（単著，東京電機大学出版局，2011年）
がある。

静電気を科学する

2011年 9月10日　第1版1刷発行　　　ISBN 978-4-501-11570-8 C3054
2011年12月20日　第1版2刷発行

著　者　高橋雄造
　　　　Ⓒ Takahashi Yuzo 2011

発行所　学校法人　東京電機大学　　〒101-8457　東京都千代田区神田錦町2-2
　　　　東京電機大学出版局　　　　Tel. 03-5280-3433(営業)　03-5280-3422(編集)
　　　　　　　　　　　　　　　　　Fax. 03-5280-3563　振替口座 00160-5-71715
　　　　　　　　　　　　　　　　　http://www.tdupress.jp/

[JCOPY] <(社)出版者著作権管理機構 委託出版物>
本書の全部または一部を無断で複写複製（コピーおよび電子化を含む）することは，著作権法上での例外を除いて禁じられています。本書からの複写を希望される場合は，そのつど事前に，(社)出版者著作権管理機構の許諾を得てください。また，本書を代行業者等の第三者に依頼してスキャンやデジタル化をすることはたとえ個人や家庭内での利用であっても，いっさい認められておりません。
［連絡先］Tel. 03-3513-6969, Fax. 03-3513-6979, E-mail：info@jcopy.or.jp

印刷：新日本印刷(株)　　製本：渡辺製本(株)　　装丁：川崎デザイン
落丁・乱丁本はお取り替えいたします。　　　　　　　　　　Printed in Japan

本書は，(株)工業調査会から刊行されていた第1版1刷をもとに，著者との新たな出版契約により東京電機大学出版局から刊行されたものである。